北京高等教育精品教材
高等学校工程管理系列教材

# 建设工程监理案例分析

（第 3 版）

李清立　编著

清华大学出版社
北京交通大学出版社
·北京·

## 内 容 简 介

本书以解决监理工程师的工程管理实际问题为出发点，以具有代表性的典型事例为背景，应用建设工程监理的理论、方法、程序、手段和措施等知识进行实例分析，使监理工程师在监理工作中能够将本书作为模板实际应用，并提高分析问题和解决问题的能力。

本书内容包括建设工程监理组织管理案例、投资控制案例、进度控制案例、质量控制案例、合同管理案例、信息管理案例、综合案例，针对每个案例均给出了相应的答案。

本书适合作为监理工程师执业资格的考试参考用书，同时可作为高等院校工程管理专业、土木工程专业本科生与研究生的教科书或教学参考书，也可作为工程咨询人员、工程监理人员和工程技术人员的工作参考书。

本书封面贴有清华大学出版社防伪标签，无标签者不得销售。
版权所有，侵权必究。侵权举报电话：010-62782989　13501256678　13801310933

图书在版编目（CIP）数据

建设工程监理案例分析/李清立编著. —3版. —北京：清华大学出版社；北京交通大学出版社，2010.8（2015.6重印）
（北京高等教育精品教材　高等学校工程管理系列教材）
ISBN 978-7-5121-0246-0

Ⅰ.①建… Ⅱ.①李… Ⅲ.①建筑工程-监督管理-案例-分析-高等学校-教材　Ⅳ.①TU712

中国版本图书馆 CIP 数据核字（2010）第 161697 号

责任编辑：孙秀翠

| | | | |
|---|---|---|---|
| 出版发行： | 清 华 大 学 出 版 社 | 邮编：100084 | 电话：010-62776969 |
| | 北京交通大学出版社 | 邮编：100044 | 电话：010-51686414 |

印　刷　者：北京交大印刷厂
经　　　销：全国新华书店
开　　　本：185×230　印张：13　字数：291千字
版　　　次：2010年8月第3版　2015年6月第3次印刷
书　　　号：ISBN 978-7-5121-0246-0/TU·57
印　　　数：6 001～7 000册　定价：25.00元

本书如有质量问题，请向北京交通大学出版社质监组反映。对您的意见和批评，我们表示欢迎和感谢。
投诉电话：010-51686043，51686008；传真：010-62225406；E-mail：press@bjtu.edu.cn。

# 出 版 说 明

　　基本建设是发展我国国民经济、满足人民不断增长的物质文化需要的重要保证。随着社会经济的发展和建筑技术的进步，现代建设工程日益向着大规模、高技术的方向发展。投资建设一个大型项目，需要投入大量的劳动力和种类繁多的建筑材料、设备及施工机械，耗资几十亿元甚至几百亿元。如果工程建设投资决策失误，或工程建设的组织管理水平低，势必会造成工程不能按期完工，质量达不到要求，损失浪费严重，投资效益低等状况，给国家带来巨大损失。因此，保证工程建设决策科学，并对工程建设全过程实施有效的组织管理，对于高效、优质、低耗地完成工程建设任务，提高投资效益具有极其重要的意义。

　　随着21世纪知识经济时代的到来和世界经济一体化、产业国际化、市场全球化的发展趋势，以及我国改革开放进程的加快和加入WTO，为我国建筑业的进一步发展带来了机遇和挑战，对我国建筑业提出了更高的要求。为了增强国际竞争力，我们在重视硬件（主要指建筑技术、建筑材料、建筑机械等）发展的同时，不能忽视软件（工程管理）的发展。必须在实践中研究和采用现代化的工程管理新理论、新方法和先进的手段，培养造就一大批工程建设管理人才，逐步缩小我们与世界领先水平的差距。

　　工程管理专业在我国的发展历史并不长，属于新兴专业。由于种种原因，目前还没有一套完整的工程管理系列教材。为满足教学与实际工作的需要，我们根据工程管理专业的主干课程，专门组织具有丰富教学与实践经验的教师编写了高等学校工程管理系列教材。这套教材包括：《建设项目管理》（第2版）、《工程建设监理》（第2版）、《建设工程监理案例分析》（第3版）、《建设工程招投标与合同管理》（第2版）、《房地产开发与经营》、《建筑企业管理》（第2版）、《建设工程定额及概预算》（第2版）、《国际工程管理》、《工程造价管理》、《工程项目评估》、《建设工程质量控制》、《工程管理实践教程》。

　　本套教材的主要特点：① 内容新颖。整套教材力求反映现代工程管理科学理论和方法，反映我国工程建设管理体制改革的新成果及当前有关工程建设的法律、法规及行政规章制度。② 实用性强。整套教材遵循理论与实践相结合的原则，在详细阐述管理理论的同时，更加注重管理方法的实用性和可操作性。

　　本套教材能够顺利出版，得益于北京交通大学出版社的大力支持，在此表示衷心的感谢！

高等学校工程管理系列教材编委会  
2010年6月

# 前言

我国的建设监理制度自1988年建立以来，在工程建设领域发挥了重要作用，取得了显著成效，赢得了社会的广泛认同。

《中华人民共和国建筑法》的颁布实施，在法律上确立了建设工程监理在建设领域的地位，《建设工程质量管理条例》、《建设工程安全生产管理条例》的相继出台和《建设工程监理规范》的颁布实施，进一步明确了建设工程监理在质量管理和安全生产管理方面的法律责任、权利和义务，规范了建设工程监理工作的操作实施。

建设工程监理制度的推行，对控制工程质量、投资、进度发挥了重要作用，取得了明显效果，促进了我国工程建设管理水平的提高。工程监理制度的推行，加快了我国工程建设组织实施方式向社会化、专业化方向转变的步伐，建立了工程建设各方主体之间相互协作、相互制约、相互促进的工程建设管理运行机制，促进了我国工程建设管理体制的进一步完善。

《建设工程监理案例分析》（第3版）一书力图以监理工程师掌握建设工程监理的理论、方法、程序、手段和措施等知识并在监理工作中能够熟练实际应用为宗旨，通过工程实践案例的分析、解答，以提高工程监理人员分析问题和解决实际问题的能力。书中内容分7章编排，分别是：建设工程监理组织管理案例、建设工程监理投资控制案例、建设工程监理进度控制案例、建设工程监理质量控制案例、建设工程监理合同管理案例、建设工程监理信息管理案例和建设工程监理综合案例。

本书由李清立编著。在编著过程中，得到中国建设监理协会、兄弟院校和工程监理单位的大力帮助，在此一并表示衷心的感谢！

由于作者水平有限，书中难免存在不妥或谬误之处，恳请读者批评指正！

编　者

2010年6月

# 目 录

## 第1章 建设工程监理组织管理案例 …………………………………………… (1)
案例1 ……………………………………………………………………………… (1)
案例2 ……………………………………………………………………………… (2)
案例3 ……………………………………………………………………………… (5)
案例4 ……………………………………………………………………………… (7)
案例5 ……………………………………………………………………………… (8)
案例6 ……………………………………………………………………………… (9)
案例7 ……………………………………………………………………………… (11)
案例8 ……………………………………………………………………………… (12)
案例9 ……………………………………………………………………………… (14)
案例10 …………………………………………………………………………… (16)
案例11 …………………………………………………………………………… (17)
案例12 …………………………………………………………………………… (19)
案例13 …………………………………………………………………………… (21)
案例14 …………………………………………………………………………… (23)
案例15 …………………………………………………………………………… (26)
案例16 …………………………………………………………………………… (29)
案例17 …………………………………………………………………………… (30)
案例18 …………………………………………………………………………… (32)
案例19 …………………………………………………………………………… (34)
案例20 …………………………………………………………………………… (35)

## 第2章 建设工程监理投资控制案例 …………………………………………… (38)
案例1 ……………………………………………………………………………… (38)
案例2 ……………………………………………………………………………… (39)
案例3 ……………………………………………………………………………… (42)
案例4 ……………………………………………………………………………… (43)
案例5 ……………………………………………………………………………… (45)

I

| | |
|---|---|
| 案例 6 | (47) |
| 案例 7 | (49) |
| 案例 8 | (51) |
| 案例 9 | (53) |
| 案例 10 | (54) |
| 案例 11 | (56) |
| 案例 12 | (59) |
| 案例 13 | (61) |
| 案例 14 | (63) |
| 案例 15 | (66) |
| 案例 16 | (67) |
| 案例 17 | (69) |
| 案例 18 | (71) |
| 案例 19 | (72) |

### 第3章 建设工程监理质量控制案例 (75)

| | |
|---|---|
| 案例 1 | (75) |
| 案例 2 | (78) |
| 案例 3 | (79) |
| 案例 4 | (81) |
| 案例 5 | (83) |
| 案例 6 | (84) |
| 案例 7 | (87) |
| 案例 8 | (89) |
| 案例 9 | (90) |
| 案例 10 | (92) |
| 案例 11 | (94) |
| 案例 12 | (96) |
| 案例 13 | (97) |
| 案例 14 | (98) |
| 案例 15 | (100) |
| 案例 16 | (101) |
| 案例 17 | (102) |
| 案例 18 | (103) |
| 案例 19 | (104) |

# 第4章 建设工程监理进度控制案例 (107)
  案例 1 (107)
  案例 2 (110)
  案例 3 (112)
  案例 4 (114)
  案例 5 (117)
  案例 6 (119)
  案例 7 (120)
  案例 8 (122)
  案例 9 (124)
  案例 10 (127)
  案例 11 (129)
  案例 12 (134)
  案例 13 (136)

# 第5章 建设工程监理合同管理案例 (139)
  案例 1 (139)
  案例 2 (141)
  案例 3 (143)
  案例 4 (144)
  案例 5 (146)
  案例 6 (148)
  案例 7 (149)
  案例 8 (152)
  案例 9 (155)
  案例 10 (157)
  案例 11 (159)
  案例 12 (161)
  案例 13 (162)
  案例 14 (163)
  案例 15 (164)
  案例 16 (166)
  案例 17 (168)
  案例 18 (169)

## 第 6 章　建设工程监理信息管理案例 ……………………………………………… (173)
### 案例 1 ……………………………………………………………………… (173)
### 案例 2 ……………………………………………………………………… (174)
### 案例 3 ……………………………………………………………………… (174)
### 案例 4 ……………………………………………………………………… (175)
### 案例 5 ……………………………………………………………………… (176)
### 案例 6 ……………………………………………………………………… (178)
### 案例 7 ……………………………………………………………………… (180)
### 案例 8 ……………………………………………………………………… (181)
### 案例 9 ……………………………………………………………………… (182)
### 案例 10 …………………………………………………………………… (184)

## 第 7 章　建设工程监理综合案例 ………………………………………………… (185)
### 案例 1 ……………………………………………………………………… (185)
### 案例 2 ……………………………………………………………………… (186)
### 案例 3 ……………………………………………………………………… (191)
### 案例 4 ……………………………………………………………………… (192)
### 案例 5 ……………………………………………………………………… (194)
### 案例 6 ……………………………………………………………………… (195)
### 案例 7 ……………………………………………………………………… (197)

# 第1章 建设工程监理组织管理案例

## 案例1

### 背景

某钢结构公路桥项目,业主将桥梁下部结构工程发包给甲施工单位,将钢梁制造、架设工程发包给乙施工单位。业主通过招标选择了某监理单位承担施工阶段监理任务。

监理合同签订后,总监理工程师组建了直线制监理组织机构,并重点提出了质量目标控制措施如下:

① 熟悉质量控制依据和文件;
② 确定质量控制要点,落实质量控制手段;
③ 完善职责分工及有关质量监督制度,落实质量控制责任;
④ 对不符合合同规定质量要求的,拒签付款凭证;
⑤ 审查承包单位提交的施工组织设计和施工方案。

同时提出了项目监理规划编写的几点要求:

① 为使监理规划有针对性,要编写2份项目监理规划;
② 监理规划要把握项目运行内在规律;
③ 监理规划的表达应规范化、标准化、格式化;
④ 监理规划根据大桥架设进展,可分阶段编写,但编写完成后由监理单位审核批准并报业主认可后,一经实施,就不得再行修改;
⑤ 授权总监理工程师代表主持监理规划的编制;
……

### 问题

1. 画出总监理工程师组建的监理组织机构图。
2. 监理工程师在进行目标控制时应采取哪些方面的措施?上述总监理工程师提出的质量目标控制措施各属于哪一种措施?
3. 分析总监理工程师提出的质量目标控制措施哪些是主动控制措施,哪些是被动控制措施。
4. 逐条回答监理工程师提出的监理规划编制要求是否妥当,为什么?

## 答案

1. 直线制监理组织机构图如图 1-1 所示。

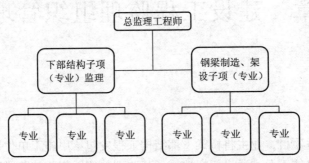

图 1-1 直线制监理组织机构图

2. 组织措施，技术措施，合同措施，经济措施。
总监理工程师提出的质量目标控制措施分别属于：
① 技术措施（或合同措施）；
② 技术措施；
③ 组织措施；
④ 经济措施（或合同措施）；
⑤ 技术措施。

3. 措施②、③、⑤属于主动控制；措施④属于被动控制。

4. 要求①不妥，1 个委托监理合同，应编写 1 份监理规划；
要求②妥当，监理规划的指导作用决定；
要求③妥当，可使监理规划内容、深度统一（或监理规划内容更明确、简洁、直观）；
要求④不妥，监理规划可以修改，但应按原审批程序报监理单位审批和经业主认可；
要求⑤不妥，总监理工程师此项权力不能授权给总监理工程师代表（或监理规划应由总经理监理工程师组织编制）。

## 案例 2

### 背景

某建设工程项目，建设单位委托某监理公司负责施工阶段的监理工作。该公司副经理出任项目总监理工程师。

总监理工程师责成公司技术负责人组织经营、技术部门人员编制该项目监理规划。参编人员根据本公司已有的监理规划标准范本，将投标时的监理大纲做适当改动后编成该项目监理规划,该监理规划经公司经理审核签字后,报送给建设单位。

该监理规划包括以下 8 项内容:

① 工程项目概况;② 监理工作依据;③ 监理工作内容;④ 项目监理机构的组织形式;⑤ 项目监理机构人员配备计划;⑥ 监理工作方法及措施;⑦ 项目监理机构的人员岗位职责;⑧ 监理设施。

在第一次工地会议上,建设单位根据监理中标通知书监理公司报送的监理规划,宣布了项目总监理工程师的任命及授权范围。项目总监理工程师根据监理规划介绍了监理工作内容、项目监理机构的人员岗位职责和监理设施等内容。

(1)监理工作内容。

① 编制项目施工进度计划,报建设单位批准后下发施工单位执行;

② 检查现场质量情况并与规范标准对比,发现偏差时下达监理指令;

③ 协助施工单位编制施工组织设计;

④ 审查施工单位投标报价的组成,对工程项目造价目标进行风险分析;

⑤ 编制工程量计量规划,依法进行工程计量;

⑥ 组织工程竣工验收。

(2)项目监理机构的人员岗位职责。

本项目监理机构总监理工程师代表,其职责包括:

① 负责日常监理工作;

② 审批"监理实施细则";

③ 调换不称职的监理人员;

④ 处理索赔事宜,协调各方的关系。

监理员的职责包括:

① 进场工程材料的质量检查及签认;

② 隐蔽工程的检查验收;

③ 现场工程计量及签认。

(3)监理设施。

监理工作需测量仪器,检验及试验设备向施工单位借用,如不能满足需要,指令施工单位提供。

## ? 问题

1. 请指出该监理公司编制"监理规划"做法的不妥之处,并写出正确的做法。
2. 请指出该"监理规划"内容的缺项名称。
3. 请指出"第一次工地会议"上建设单位不正确的做法,并写出正确做法。
4. 在总监理工程师介绍的监理工作内容、项目监理机构的人员岗位职责和监理设施的内容中,找出不正确的内容并改正。

## 答案

1.（1）监理规划由公司技术负责人组织经营、技术部门人员编制不妥；应由总监理工程师主持，专业监理工程师参加编制。

（2）公司经理审核不妥，应由公司技术负责人审核（或公司总工审核也可给分）。

（3）根据范本（监理大纲）修改不妥，应具有针对性，根据工程特点、规模、合同等编制。

2. 监理规划中心缺项名称：监理工作范围，监理工作目标，监理工作程序，监理工作制度。

3. 建设单位根据监理中标通知书及监理公司报送的监理规划宣布项目总监理工程师及授权范围不正确，对总监理工程师的授权应根据委托监理合同宣布。

4.（1）监理工作内容：

① 错误，应改为审查并批准施工单位报送的施工进度计划；

③ 错误，应改为审查并批准施工单位报送的施工组织设计；

④ 错误，应改为依据施工合同有关条款、施工图，对工程造价目标进行风险分析；

⑤ 错误，应改为按施工合同约定（国家规定）的工程量计量规则进行工程计量；

⑥ 错误，应改为组织工程预验收，参加工程竣工验收。

（2）人员岗位职责。

总监理工程师代表职责：

② 错误，应改为由总监理工程师批准"监理实施细则"，总监理工程师代表只能参加编写或参与批准监理实施细则；

③ 错误，应改为由总监理工程师调配不称职的监理人员，总监理工程师代表只能向总监理工程师建议，或根据总监理工程师指示，决定调配不称职的监理人员；

④ 错误，应改为由总监理工程师处理索赔事宜，协调各方的关系，总监理工程师代表只能参加或协助总监理工程师处理索赔事宜，协调各方的关系。

监理员职责：

① 错误，应改为专业监理工程师负责进场工程材料质量检查及验收，监理员只能参加进场材料的现场质量检查；

② 错误，应改为专业监理工程师负责隐蔽工程检验查收，监理员只能参加隐蔽工程的现场检验；

③ 错误，应改为专业监理工程师负责现场工程计量及签认，监理员只能参加现场工程量计量工作；或根据施工图及从现场获取的有关数据，签署原始计量凭证。

（3）向施工单位借用和指令施工单位提供监理设施错误，应改为：项目监理机构应根据委托监理合同的约定，配备满足监理工作需要的常规检测设备和工具。

## 案例 3

### 背景

某工程建设单位与施工总承包单位按《建设工程施工合同（示范文本）》签订了施工合同，并委托某监理公司承担施工阶段的监理任务。施工总承包单位按照施工合同的约定，将桩基工程分包给一家专业施工单位。

在施工过程中发生了如下事件。

事件 1  施工总承包单位按照施工合同约定的时间向项目监理机构提交了《工程开工报审表》，总监组织专业监理工程师到现场进行了全面检查：施工人员已到位，施工机具已进场，主要材料已落实，进场道路及水、电、通信满足开工要求，征地拆迁工作满足开工要求，于是总监签署了同意开工的意见，并报告了建设单位。

事件 2  在建设单位主持召开的第一次工地会议上，总监介绍了监理规划的主要内容，其中与施工单位密切相关的部分内容如下：

（1）总监授权总监代表全面负责委托监理合同的履行，调解建设单位与施工单位的合同争议，审查分包单位资质并提出审查意见；

（2）各专业监理组负责人全面负责本专业的技术方案、进度计划、工程变更、工程延期等事项的审批，负责本专业分部、分项工程和隐蔽工程的验收，负责本专业工程计量工作。

事件 3  在总监主持召开的第一次工地例会上，施工总承包单位提出了屋面防水工程的分包计划，总监与建设单位沟通后，签认了该分包工程计划，并要求施工单位会后与建设单位指定的分包单位签订分包合同。

事件 4  桩基工程施工过程中监理人员发现：（1）按合同的约定由建设单位采购的一批水泥，虽然供货方提供了质量合格证，但在使用前的抽检试验中材质检验不合格；（2）钢筋笼焊接完毕，未通知监理人员验收，正在准备浇筑混凝土。

事件 5  在施工过程中，某工程部位施工单位在测量放线完毕后，立即填写了《施工测量放线报验申请表》并附相关资料报送项目监理机构，专业监理工程师对放线依据资料和放线成果表审核后，便进行了签认。

### 问题

1. 事件 1 中，依据《建设工程监理规范》的规定，总监只进行了现场检查便签署同意开工的意见是否妥当？说明原因。
2. 指出事件 2 中总监代表和专业监理组负责人的职责是否妥当，不妥之处说明理由。
3. 指出事件 3 中做法的不妥之处，说明原因。
4. 事件 4 中，对施工过程中出现的问题，监理人员应如何处理？
5. 事件 5 中，指出上述过程中的不妥之处，说明原因。

## 答案

1. 不妥当。因还应审查施工许可证是否已取得，施工组织设计是否经总监审核签认。

2. （1）总监代表职责：
① "全面负责委托监理合同的履行"不妥，因建设工程监理实行总监负责制。
② "调解建设单位与施工单位的合同争议"不妥，因为这是总监必须履行的职责（或不能授权总监代表，或违反《监理规范》的规定）。
③ "审查分包单位资质并提出审查意见"妥当。

（2）各专业监理组负责人的职责：
① "全面负责本专业的技术方案、进度计划、工程变更、工程延期等事项的审批"不妥，因为这是总监的职责（或专业监理组负责人只能审查，不能审批）。
② "负责本专业分部工程的验收"不妥，因为这是总监的职责。
③ "负责本专业分项工程和隐蔽工程的验收"妥当。
④ "负责本专业工程计量工作"妥当。

3. （1）"总监签认了该分包工程计划"不妥，因为分包工程计划的审批权属于建设单位。
（2）"建设单位指定分包单位"不妥，因为分包单位的选择权属于施工总承包单位（或建设单位无权指定分包单位）。
（3）"要求施工单位会后签订分包合同"不妥，因为总分包单位资格未经审查确认合格，不得签订分包合同。

4. "（1）"的处理：
① 书面通知施工总承包单位该批水泥不得使用；
② 书面通知建设单位该批水泥不合格，通过建设单位要求供货单位重新供应合格水泥；
③ 因此增加的费用应予补偿，延误的工期应予顺延。

"（2）"的处理：
① 总监签发"工程暂停令"，要求施工总承包单位停止分包单位的施工；
② 要求施工总承包单位钢筋工程检查合格后，提交《隐蔽工程报验申请表》并附相关资料；
③ 经专业监理工程师审查合格后，由专业监理工程师组织相关人员到现场检查；
④ 审查和检查均合格后，由专业监理工程师签认，并由总监签署《工程复工报审表》，要求施工总承包单位指令分包单位复工；
⑤ 如审查或检查不合格，要求施工总承包单位指令分包单位整改，并对整改结果进行验收。

5. （1）"施工单位在测量放线完毕后，立即填写申请表报送项目监理机构"不妥，因施工单位在测量放线完毕后，自检合格后方可填写报验申请表报送监理机构。

(2) "专业监理工程师对放线依据资料和放线成果表审核后,便进行了签认"不妥,因为还应到现场查验(或检查)合格才能签认。

## 案例 4

### 背景

监理单位承担了某工程的施工阶段监理任务,该工程由甲施工单位总承包。甲施工单位依法选择了乙施工单位作为分包单位。

施工过程中发生了以下事件。

事件 1　专业监理工程师在熟悉图纸时发现,基础工程的施工图存在设计错误,总监理工程师随即通知了建设单位,建设单位要求设计单位复核,设计单位复核后确认存在错误,进行了部分设计变更。

事件 2　施工过程中,专业监理工程师发现乙施工单位施工的分包工程存在质量缺陷,随即要求甲施工单位进行处理。甲施工单位回函称:乙施工单位是独立的法人企业,应独立承担全部责任,所以本单位不负责处理。

事件 3　专业监理工程师在巡视时发现,甲施工单位未经项目监理机构事先同意,订购了一批主体结构使用的钢材,钢材到达现场后未经报验正准备使用,专业监理工程师立即按程序进行了处理。

事件 4　该工程施工完成后,甲施工单位按竣工验收有关规定,向建设单位提交了竣工验收报告。建设单位及时组织了竣工验收,竣工验收合格后第 20 天发生了季节性的冰雹,导致工程部分损坏,建设单位要求施工单位对损坏的工程部位无偿修复。

### 问题

1. 事件 1 中,项目监理机构收到设计变更文件后应如何处理?
2. 事件 2 中,甲施工单位的答复是否妥当?为什么?项目监理机构对分包工程存在质量缺陷应如何处理?
3. 针对事件 3 中存在的问题,项目监理机构应如何处理?
4. 事件 4 中,建设单位的要求是否正确?并说明理由。

### 答案

1. (1) 协助建设单位将设计变更文件报送有关部门审批;
(2) 收集变更工程的相关资料;
(3) 专业监理工程师确定工程变更的难易程度、工程量、单价或总价;
(4) 总监对工程变更的费用和工期进行评估,并与甲施工单位和建设单位进行协调;
(5) 总监签发工程变更单并附相关资料;
(6) 根据工程变更单监督施工单位施工。

2.（1）甲施工单位的答复不妥,因为工程分包不解除总承包单位的任何责任和义务,总承包单位与分包单位就分包工程的质量承担连带责任。

（2）由专业监理工程师签发监理工程师通知单,要求甲施工单位指令乙施工单位整改,并检查整改结果。

3.（1）专业监理工程师签发《监理工程师通知单》,要求甲施工单位停止使用该批钢材;

（2）要求甲施工单位提交《材料报验申请表》并附相关质量证明资料;

（3）专业监理工程师对资料核查合格后,要求甲施工单位进行见证取样检测,检测合格后方可使用;

（4）如未能提交质量证明资料或见证取样检测结果不合格,要求甲施工单位限期将该批钢材撤出现场。

4.建设单位的要求不正确,因为竣工验收后14天内建设单位没有提出修改意见,视为竣工验收报告已被认可,应由建设单位承担工程的一切意外责任。

## 案例5

### 背景

某地方重点建设工程,建设单位依法委托某监理单位协助其组织施工招标,并进行施工阶段监理。

该工程实施过程中发生了以下事件。

事件1 招标准备阶段,在确定招标方式时,建设单位认为:建设工程是直接发包还是招标发包,应符合国家的有关规定,但在招标方式选择方面,完全是招标人自主的行为。监理单位对建设单位的观点表示异议。

通过施工招标,建设单位依法与甲施工单位签订了施工合同,甲施工单位按照施工合同规定与乙施工单位签订了设备安装分包合同。

事件2 工程开工前,总监组织专业监理工程师审查了施工单位报送的相关资料,其中专职安全管理员和部分特种作业人员只有施工单位的培训合格证明,审查后,总监理工程师签发了《监理工程师通知单》,要求施工单位调换相关人员。

事件3 甲施工单位将自有的两台自升式塔吊运进施工现场后,雇佣了乙方施工单位的8名安装工人。在塔吊司机的指挥下,开始安装塔吊,专业监理工程师发现后,立即报告了总监理工程师,总监理工程师到现场后指令甲方施工单位停止安装。

### 问题

1.《招标投标法》对招标的组织方式作了哪些规定?

2.事件1中,建设单位的观点是否正确?不正确的请说明原因。

3. 指出事件2中总监理工程师的做法是否正确？请说明原因。《建设工程安全生产管理条例》中规定的特种作业人员包括哪些？

4. 事件3中，总监理工程师的做法是否正确？请说明原因。根据《建设工程安全生产管理条例》的规定，写出塔吊的正确安装程序。

## 答案

1. （1）招标人有权自行选择招标代理机构，委托招标事宜；

（2）招标人具有编制招标文件和组织评标能力的，可自行办理招标事宜，但应向有关行政监督部门（或主管部门）备案。

2. （1）"建设工程是直接发包还是招标发包应符合国家的有关规定"正确；

（2）"在招标方式选择方面完全是招标人自主的行为"不正确，因为依法应当公开招标的建设工程，建设单位应当选择公开招标方式进行招标，如因工程技术复杂或有特殊要求，需要邀请招标的，应经有关行政主管部门批准。

3. （1）正确，因为专职安全管理人员应经建设行政主管部门或其他有关部门考核合格后方可任职；特种作业员应按国家规定经专门培训合格，并取得特种作业资格证书后，方可持证上岗。

（2）包括垂直运输作业人员、登高架设人员、爆破工作人员、安装拆卸工、起重信号工。

4. （1）正确，因甲方施工单位没有相应的资质，安装后使用过程中存在重大安全隐患（甲方施工单位应委托具有相应资质的单位安装塔吊，否则使用过程中存在重大安全隐患）。

（2）程序：

① 甲施工单位应委托具有相应资质的单位安装塔吊；

② 安装前，安装单位应编制安装方案，制定安全措施，专业技术人员现场监督；

③ 安装完毕，安装单位自检合格后，出具自检合格证明，向甲方施工单位进行安全作业说明（或安全使用交底），办理验收签字手续。

## 案例6

### 背景

某工业项目，建设单位委托了一家监理单位协助组织工程招标并负责施工监理工作。总监理工程师在主持编制监理规划时，安排了一位专业监理工程师负责项目风险分析和相应监理规划内容的编写工作。经过风险识别、评价，按风险量的大小将该项目中的风险归纳为大、中、小3类。根据该建设项目的具体情况，监理工程师对建设单位的风险事件提出了正确的风险对策，相应制定了风险控制措施（见表1-1）。

表1-1  风险对策及控制措施表

| 序号 | 风险事件 | 风险对策 | 控制措施 |
|---|---|---|---|
| 1 | 通货膨胀 | 风险转移 | 建设单位与承包单位签订固定总价合同 |
| 2 | 承包单位技术、管理水平低 | 风险回避 | 出现问题向承包单位索赔 |
| 3 | 承包单位违约 | 风险转移 | 要求承包单位提供第三方担保或提供履约保函 |
| 4 | 建设单位购买的昂贵设备运输过程中的意外事故 | 风险转移 | 从现金净收入中支出 |
| 5 | 第三方责任 | 风险自留 | 建立非基金储备 |

通过招标,建设单位与土建承包单位和设备安装单位签订了合同。

设备安装时,监理工程师发现土建承包单位施工的某一设备基础预埋的地脚螺栓位置与设备基座相应的尺寸不符,设备安装单位无法将设备安装到位,造成设备安装单位工期延误和费用损失。经查,土建承包单位是按设计单位提供的设备基础图施工的,而建设单位采购的是该设备的改型产品,基座尺寸与原设计图纸不符。对此,建设单位决定作设计变更,按进场设备的实际尺寸重新预埋地脚螺栓,仍由原土建承包单位负责实施。

土建承包单位和设备安装单位均依据合同条款的规定,提出了索赔要求。

? 问题

1. 针对监理工程师提出的风险转移、风险回避和风险自留3种风险对策,指出各自的适用对象(按风险量大小)。分析监理工程师在表1-1中提出的各项风险控制措施是否正确?并说明理由。

2. 针对建设单位提出的设计变更,说明实施设计变更过程的工作程序。

3. 按《建设工程监理规范》的规定,写出土建承包单位和设备安装单位提出索赔要求和总监理工程师处理索赔过程应使用的相关表式。

答案

1. 风险转移适用于风险量大或中等的风险事件;风险回避适用于风险量大的风险事件;风险自留适用于风险量小的风险事件。

(1) 正确。固定总价合同对建设单位没有风险。

(2) 不正确。选择技术管理水平高的承包单位。

(3) 正确。第三方担保或承包单位提供履约保函可转移风险。

(4) 不正确。从现金净收入中支出属风险自留(或答购买保险)。

(5) 正确。出现风险损失,从非基金储备中支付,有应对措施。

2. (1) 建设单位向设计单位提出设计变更要求。

(2) 设计单位负责完成设计变更图纸,签发设计变更文件。

(3) 总监理工程师审核设计变更图纸,对设计变更的费用和工期作出评估,协助建设单位和承包单位进行协商,并达成一致。

(4) 各方签认设计变更单，承包单位实施设计变更。

(5) 根据设计变更，监督承包单位实施。

3. 提出索赔要求的表式："费用索赔申请表"；"工程临时延期申请表"。

总监理工程师处理索赔要求的表式："费用索赔审批表"，"工程临时延期审批表"，"工程最终延期审批表"。

## 案例 7

### 背景

某监理单位承担了一工业项目的施工监理工作。经过招标，建设单位选择了甲、乙施工单位分别承担 A、B 标段工程的施工，并按照《建设工程施工合同（示范文本）》分别和甲、乙施工单位签订了施工合同。建设单位与乙施工单位在合同中约定，B 标段所需的部分设备由建设单位负责采购。乙施工单位按照正常的程序将 B 标段的安装工程分包给丙施工单位。在施工过程中，发生了如下事件。

事件 1　建设单位在采购 B 标段的锅炉设备时，设备生产厂商提出由自己的施工队伍进行安装更能保证质量，建设单位便与设备生产厂商签订了供货和安装合同，并通知了监理单位和乙施工单位。

事件 2　总监理工程师根据现场反馈信息及质量记录分析，对 A 标段某部位隐蔽工程的质量有怀疑，随即指令甲施工单位暂停施工，并要求剥离检验。甲施工单位称：该部位隐蔽工程已经专业监理工程师验收，若剥离检验，监理单位需赔偿由此造成的损失并相应延长工期。

事件 3　专业监理工程师对 B 标段进场的配电设备进行检验时，发现由建设单位采购的某设备不合格，建设单位对该设备进行了更换，从而导致丙施工单位停工。因此，丙施工单位致函监理单位，要求补偿其被迫停工所遭受的损失并延长工期。

### 问题

1. 请画出建设单位开始设备采购之前该项目各主体之间的合同关系图。

2. 在事件 1 中，建设单位将设备交由厂商安装的做法是否正确？为什么？

3. 在事件 1 中，若乙施工单位同意由该设备生产厂商的施工队伍安装该设备，监理单位应该如何处理？

4. 在事件 2 中，总监理工程师的做法是否正确？为什么？试分析剥离检验的可能结果及总监理工程师相应的处理方法。

5. 在事件 3 中，丙施工单位的索赔要求是否应该向监理单位提出？为什么？对该索赔事件应如何处理？

### 答案

1. 合同关系图如图 1-2 所示。

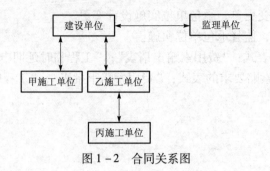

图 1-2 合同关系图

2. 不正确,因为违反了合同约定。

3. 监理单位应对厂商的安装资质进行审查。

(1) 若符合要求,可以由该厂商进行安装:

① 如乙施工单位接受该厂商作为其分包单位,监理单位应协助建设单位变更与设备生产厂商签订的合同;

② 如乙施工单位接受该厂商直接从建设单位承包,监理单位应协助建设单位变更与乙施工单位签订的施工合同。

(2) 若不符合要求,监理单位应拒绝由该厂商施工队伍安装。

4. (1) 正确,因为无论专业监理工程师是否进行了验收,均可以要求对隐蔽工程重新检验。

(2) ① 若检查的结果合格,建设单位承担由此发生的费用,并相应顺延工期;

② 若检查的结果不合格,损失不予赔偿,工期不予顺延。

5. (1) 不应该,因为建设单位和丙施工单位没有合同关系。

(2) 处理:

① 受理丙施工单位通过乙施工单位提出的索赔意向通知书;

② 收集与索赔有关的资料;

③ 受理乙施工单位提交的索赔申请书;

④ 总监理工程师对索赔申请进行审查,初步确定费用额度和延期时间,与乙施工单位和建设单位协商;

⑤ 总监理工程师对索赔费用和工程延期作出决定。

# 案例 8

## 背景

某实施监理的工程项目,监理工程师对施工单位报送的施工组织设计审核时发现两个问题:一是施工单位为方便施工,将设备管道竖井的位置做了移位处理;二是工程的有关试验主要安排在施工单位试验室进行。总监理工程师分析后认为,管道竖井移位方案不会影响工

程使用功能和结构安全,因此,签认了该施工组织设计报审表并送达建设单位;同时指示专业监理工程师对施工单位试验室资质等级及其试验范围等进行考核。

项目监理过程中有如下事件。

事件1 在建设单位主持召开的第一次工地会议上,建设单位介绍工程开工准备工作基本完成,施工许可证正在办理,要求会后就组织开工。总监理工程师认为施工许可证未办理好之前,不宜开工。对此,建设单位代表很不满意,会后建设单位起草了会议纪要,纪要中明确边施工边办理施工许可证,并将此会议纪要送发监理单位、施工单位,要求遵照执行。

事件2 设备安装施工,要求安装人员有安装资格证书。专业监理工程师检查时发现施工单位安装人员与资格报审名单中的人员不完全相符,其中5名安装人员无安装资格证书,他们已参加并完成了该工程的一项设备安装工作。

事件3 设备调试时,总监理工程师发现施工单位未按技术规程要求进行调试,存在较大的质量和安全隐患,立即签发了工程暂停令,并要求施工单位整改。施工单位用了2天时间整改后被指令复工。对此次停工,施工单位向总监理工程师提交了费用索赔和工程延期的申请,强调设备调试为关键工作,停工2天导致窝工,建设单位应给予工期顺延和费用补偿,理由是虽然施工单位未按技术规程调试,但并未出现质量和安全事故,停工2天是监理单位要求的。

## ? 问题

1. 总监理工程师应如何组织审批施工组织设计?总监理工程师对施工单位报送的施工组织设计内容的审批处理是否妥当?请说明理由。

2. 专业监理工程师对施工单位试验室除考核资质等级及其试验范围外,还应考核哪些内容?

3. 事件1中建设单位在第一次工地会议的做法有哪些不妥?请写出正确的做法。

4. 监理单位应如何处理事件2?

5. 在事件3中,总监理工程师的做法是否妥当?施工单位的费用索赔和工程延期要求是否应该被批准?请说明理由。

## 答案

1.(1)组织专业监理工程师审查,专业监理工程师提出审查意见,由总监理工程师审核、签认。

(2)不妥。理由是设备管道竖井移位属于设计变更,应办理书面变更手续。

2. 专业监理工程师还应考核:

(1)法定计量部门对试验设备出具的计量检定证明;

(2)试验室的管理制度;

(3)试验人员的资格证书;

(4)本工程的试验项目及其要求。

3. （1）不妥之处有：
① 未办理好施工许可证之前要求开工；
② 自行起草会议纪要；
③ 将会议纪要起草完后直接送发有关单位。
（2）正确的做法是：
① 在开工前应取得施工许可证；
② 会议纪要应由监理单位负责起草；
③ 会议纪要经与会各方代表会签后送发有关单位。
4. （1）由总监理工程师下达设备安装的暂停令。
（2）要求施工单位撤换无证人员。
（3）对已安装部分的质量进行检验：
① 若检验合格，则予以认可；
② 若检验不合格，责令作出处理。
（4）施工单位整改合格后，总监理工程师签发复工令。
5. 妥当，不应该批准。因为施工单位不按技术规程调试设备，存在较大的质量和安全隐患，属施工单位责任。

## 案例 9

### 背景

某市政工程分为 4 个施工标段。某监理单位承担了该工程施工阶段的监理任务，一、二标段工程先行开工，项目监理机构组织形式如图 1-3 所示。

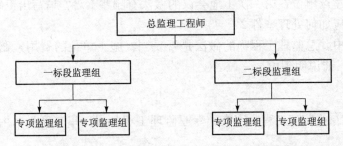

图 1-3 一、二标段工程项目监理机构组织形式

一、二标段工程开工半年后，三、四标段工程相继准备开工，为适应整个项目监理工作的需要，总监理工程师决定修改监理规划，调整项目监理机构组织形式，按 4 个标段分别设置监理组，增设投资控制部、进度控制部、质量控制部和合同管理部 4 个职能部门，以加强各职能部门的横向联系，使上下、左右集权与分权实行最优的结合。

总监理工程师调整了项目监理机构组织形式后，安排总监理工程师代表按新的组织形式调配相应的监理人员，主持修改项目监理规划，审批项目监理实施细则；又安排质量控制部签发一标段工程的质量评估报告；并安排专人主持整理项目的监理文件档案资料。

总监理工程师强调该工程监理文件档案资料十分重要，要求归档时应直接移交本监理单位和城建档案管理机构保存。

### ? 问题

1. 图1-3所示的项目监理机构属何种组织形式？说明其主要优点。
2. 调整后的项目监理机构属何种组织形式？画出该组织结构示意图，并说明其主要缺点。
3. 指出总监理工程师调整项目监理机构组织形式后安排工作的不妥之处，并写出正确做法。
4. 指出总监理工程师提出监理文件档案资料归档要求的不妥之处，并写出监理文件档案资料归档程序。

### 答案

1. （1）直线制组织形式。
（2）优点：机构简单，权力集中，命令统一，职责分明，决策迅速，隶属关系明确。
2. 矩阵制组织形式。组织结构示意图（见图1-4）。缺点：纵横协调工作量大；矛盾指令处理不当，会产生扯皮现象。

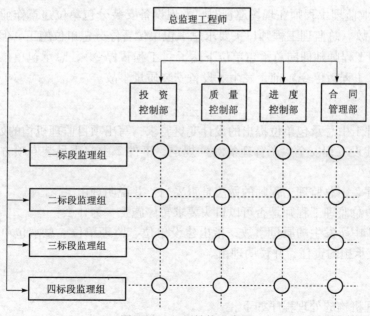

图1-4 组织结构示意图

3. （1）责成总监理工程师代表主持调配相应监理人员不妥，应由总监理工程师主持；
（2）责成总监理工程师代表主持修改项目监理规划不妥，应由总监理工程师主持；
（3）责成总监理工程师代表审批项目监理实施细则不妥，应由总监理工程师审批；
（4）责成质量控制部签发一标段质量评估报告不妥，应由总监理工程师签发；
（5）指定专人主持整理监理文件档案资料不妥，应由总监理工程师主持。

4. 直接移交城建档案管理机构不妥。正确的归档程序应为：项目监理机构向监理单位移交归档，监理单位向建设单位移交归档，建设单位向城建档案管理机构移交归档。

## 案例 10

### 背景

某工程，建设单位委托监理单位承担施工阶段的监理任务，总承包单位按照施工合同约定选择了设备安装分包单位。

在合同履行过程中发生如下事件。

事件 1　工程开工前，总承包单位在编制施工组织设计时，认为修改部分施工图设计可以使施工更方便、质量和安全更易保证，遂向项目监理机构提出了设计变更的要求。

事件 2　专业监理工程师检查主体结构施工时，发现总承包单位在未向项目监理机构报审危险性较大的预制构件起重吊装专项方案的情况下已自行施工，且现场没有管理人员。于是，总监理工程师下达了《监理工程师通知单》。

事件 3　专业监理工程师在现场巡视时，发现设备安装分包单位违章作业，有可能导致发生重大质量事故。总监理工程师口头要求总承包单位暂停分包单位施工，但总承包单位未予执行。总监理工程师随即向总承包单位下达了《工程暂停令》，总承包单位在向设备安装分包单位转发《工程暂停令》前，发生了设备安装质量事故。

### 问题

1. 针对事件 1 中总承包单位提出的设计变更要求，写出项目监理机构的处理程序。
2. 根据《建设工程安全生产管理条例》规定，事件 2 中起重吊装专项方案需经哪些人签字后方可实施？
3. 指出事件 2 中总监理工程师的做法是否妥当？并说明理由。
4. 事件 3 中总监理工程师是否可以口头要求暂停施工？为什么？
5. 就事件 3 中所发生的质量事故，指出建设单位、监理单位、总承包单位和设备安装分包单位各自应承担的责任，并说明理由。

### 答案

1. 项目监理机构的处理程序如下。
（1）总监理工程师组织专业监理工程师审查总承包单位提交的设计变更要求。

(2) 审查同意后，① 项目监理机构将审查意见提交给建设单位；
② 项目监理机构取得设计变更文件后，结合实际情况对变更费用和工期进行评估；
③ 总监理工程师就评估情况与建设单位和总承包单位协商；
④ 总监理工程师签发工程变更单。
(3) 审查不同意，按原设计图纸施工。
2. 起重吊装专项方案需经总承包单位技术负责人、总监理工程师签字后方可实施。
3. 不妥。
理由：危险性较大的预制构件起重吊装专项方案没有报审并被签认，没有专职安全生产管理人员，总监理工程师应下达《工程暂停令》。
4. 可以。在紧急事件发生或确有必要时，总监理工程师有权口头下达暂停施工指令，但在规定的时间内要书面确认。
5. 各单位的责任及理由如下。
① 建设单位没有责任。理由：因质量事故是由于分包单位违章作业造成的，与建设单位无关。
② 监理单位没有责任。理由：因质量事故是由于分包单位违章作业造成的，且监理单位已尽责。
③ 总承包单位承担连带责任。理由：工程分包不能解除总承包单位的任何责任和义务。
④ 分包单位应承担责任。理由：因质量事故是由于其违反工程建设强制性标准而直接造成的。

## 案例 11

### 背景

某工程在实施过程中发生如下事件。

事件 1　由于工程施工工期紧迫，建设单位在未领取施工许可证的情况下，要求项目监理机构签发施工单位报送的《工程开工报审表》。

事件 2　在未向项目监理机构报告的情况下，施工单位按照投标书中打桩工程及防水工程的分包计划，安排了打桩工程施工分包单位进场施工，项目监理机构对此做了相应处理后书面报告了建设单位。建设单位以打桩施工分包单位资质未经其认可就进场施工为由，不再允许施工单位将防水工程分包。

事件 3　桩基工程施工中，在抽检材料试验未完成的情况下，施工单位已将该批材料用于工程，专业监理工程师发现后予以制止。其后完成的材料试验结果表明，该批材料不合格，经检验，使用该批材料的相应工程部位存在质量问题，需进行返修。

事件 4　施工中，由建设单位负责采购的设备在没有通知施工单位共同清点的情况下就存放在施工现场。施工单位安装时发现该设备的部分部件损坏，对此，建设单位要求施工单位承担损坏赔偿责任。

事件5　上述设备安装完毕后进行的单机无负荷试车未通过验收，经检验认定是因为设备本身的质量问题造成的。

## ❓ 问题

1. 指出事件1和事件2中建设单位做法的不妥之处，并说明理由。
2. 针对事件2，项目监理机构应如何处理打桩工程施工分包单位进场存在的问题？
3. 对事件3中的质量问题，项目监理机构应如何处理？
4. 指出事件4中建设单位做法的不妥之处，并说明理由。
5. 事件5中，单机无负荷试车由谁组织？其费用是否包含在合同价中？因试车验收未通过所增加的各项费用由谁承担？

## 答案

1. （1）事件1中，建设单位未领取施工许可证就要求签发《工程开工报审表》不妥。

理由：依据法规和规范，必须在办理好施工许可证的条件下才能要求签发《工程开工报审表》。

（2）事件2中，建设单位认为需经其认可分包单位资质不妥。提出不再允许施工单位将防水工程分包的要求不妥。

理由：① 分包单位的资质应由项目监理机构审查签认；

② 违反施工合同约定。

2. 处理如下：（1）下达《工程暂停令》；

（2）对分包单位资质进行审查；

（3）如果分包单位资质合格，签发工程复工令，分包单位复工；

（4）如果分包单位资质不合格，要求施工单位撤换分包单位；

（5）对不合格的分包单位已完工程部分，进行质量验收，如果质量不合格，按有关程序处理。

3. 处理如下：（1）签发《监理工程师通知单》；

（2）责成施工单位进行质量问题调查；

（3）审核、分析质量问题调查报告，判断和确认质量问题产生的原因；

（4）审核签认质量问题处理方案；

（5）指令施工单位按既定的处理方案实施处理并进行跟踪检查；

（6）组织有关人员对处理的结果进行严格的检查、鉴定和验收，写出质量问题处理报告，报建设单位和监理单位存档。

4. 建设单位不通知施工单位共同清点其负责提供的设备并交由现场保管不妥。要求施工单位承担设备部分部件损坏的责任不妥。

理由：建设单位未通知施工单位清点，施工单位不负责设备的保管，设备丢失损坏由建设单位负责。

5. 由施工单位组织；已包含在合同价中；由建设单位承担。

## 案例 12

### 背景

某监理单位受业主委托，承担某写字楼工程施工阶段工程监理任务，并与业主按《委托监理合同（示范文本）》签订了监理合同。由于业主要缩短建设周期，在设计单位仅完成地下室施工图的条件下，业主通过邀请招标选定了施工单位，但尚未签订施工承包合同。因此，业主向监理单位口头提出，要求在监理合同签订后3日内提交监理规划，并把地下室施工图纸提交给监理单位，要求对设计单位已完成的地下室施工图设计文件审核，进行质量把关。

总监理工程师为了满足业主的要求，拟定了编写监理规划的程序和原则如下：
（1）收集有关资料；
（2）按监理目标分解监理合同中委托的监理工作内容；
（3）确定项目监理机构组织形式；
（4）确定项目监理机构监理人员；
（5）按基础、主体、装修3个阶段分别编写施工监理规划。

为满足业主的要求，总监理工程师组织专业监理工程师编写了监理规划，并按业主要求及时提交给业主。监理规划的部分内容如下：

1. 工程概况
……

2. 监理目标
2.1 工期目标：××个月。
2.2 质量目标：业主100%满意。
2.3 投资目标：计划静态投资××万元。

3. 设计阶段监理服务工作的范围
3.1 收集设计所需的技术经济资料；
3.2 配合设计单位开展技术经济分析；
3.3 检查和控制设计进度。
……

4. 施工阶段监理工作范围
4.1 质量控制
4.1.1 审核施工图纸；
4.1.2 审核总包单位的资质；
4.1.3 审核总包单位质量保证体系；
4.1.4 原材料质量预控措施（表1-2）；

表1-2 质量预控措施表

| 材料名称 | 技术要求 | 质量控制措施与方法 |
|---|---|---|
| 水泥 | 符合质量要求 | 出厂合格证、进场复试报告 |
| 钢筋 | 机械性能合格 | 出厂合格证、进场复试报告 |
| 机砖 | 强度符合等级要求 | 出厂合格证、进场复试报告 |
| …… | …… | …… |

4.1.5 质量检查项目预控措施（表1-3）。

表1-3 质量检查项目预控措施表

| 项目名称 | 质量预控措施 |
|---|---|
| 钢筋焊接质量 | (1) 焊工应持合格证上岗；<br>(2) 实焊前先进行焊接工艺实验；<br>(3) 检查焊条型号 |
| 模板工程 | (1) 每层复查轴线标高一次；<br>(2) 预埋件、预留孔抽查；<br>(3) 模板支撑是否牢固；<br>(4) 模板尺寸是否准确；<br>(5) 模板内部的清理、湿润情况 |
| …… | …… |

## 问题

1. 业主对监理单位所提要求有何不妥之处？请说明理由。
2. 总监理工程师拟订的监理规划编写程序和原则有何不妥之处？请说明理由。
3. 总监理工程师组织编写完监理规划后就提交给业主的做法是否正确？请说明理由。
4. 项目监理机构编制的监理规划内容中哪些项不正确？请说明理由。

## 答案

1. （1）业主要求监理单位在监理合同签订后3日内提交监理规划不妥；因为业主还没有提供完整的工程设计文件，监理规划应在收到设计文件后开始编制。

（2）业主要求监理单位对设计单位已完成的地下室施工图设计文件审核不妥；因为根据《建设工程质量管理条例》，施工图设计文件应由建设单位报县级以上人民政府建设行政主管部门或者其他有关部门审查。

2. 拟定的编写程序和原则有如下不妥之处。

第（5）条：按基础、主体、装修3个阶段分别编写监理规划不妥；因为监理规划是项目监理机构履行监理合同的纲领性文件，监理规划是对监理工作的工作程序、手段、措施和制度做出的全面计划，施工文件应齐全，不应按基础、主体、装修分阶段编写。

3. 总监理工程师组织编写完监理规划后就提交给业主的做法不正确；因为监理规划编制完成后应经监理单位技术负责人审核签字，并在第一次工地会议前提交给业主。

4. 监理规划中：

① 第 3 项：设计阶段监理服务工作范围不正确；因业主没有委托设计阶段的监理服务，内容与监理职责不符。

② 第 4.1.1 项：审核施工图纸不妥；监理工程师的职责是熟悉设计文件，对图纸中存在的问题通过建设单位向设计单位提出书面意见和建议。

③ 第 4.1.2 项：审核总包单位的资质不正确；总包单位的资质在施工招标时已通过审核，应该是审核分包单位的资质。

④ 第 4.1.4 和 4.1.5 项：两个事前预控措施表列入监理规划中不妥；其内容一般编制在监理实施细则中。

## 案例 13

### 背景

某业主委托一监理公司承担某大型核电站建设项目施工阶段监理业务，并与某施工总承包单位签订了施工总承包合同。

该工程监理实施过程中，发生了如下事件。

事件 1　项目监理机构组建后，总监理工程师组织召开监理规划编制提纲讨论会。会上，某专业监理工程师提出监理规划编制的基本原则和依据如下：

（1）建设监理规划必须符合监理合同的要求，符合监理大纲的内容；

（2）建设监理规划必须结合项目的具体实际情况，内容具有针对性；

（3）建设监理规划的作用必须为监理单位的经营目标服务，具有较好的经济效益；

（4）建设监理规划中应对影响目标实现的多种风险进行分析，并考虑采取相应的管理措施，以防范风险；

（5）监理规划作为指导整个监理工作的纲领性文件，在项目的设计、施工等实施过程中，应作为控制的目标，不能进行修改和调整；

（6）建设监理规划中必须对项目的三大目标进行分析论证，确定综合平衡的项目目标体系，并制定出保证实现的具体措施；

（7）监理规划编制的依据包括政府部门的批文，国家和地方的法律、法规、规范、标准和施工组织设计文件等。

事件 2　在第一次工地会议上，总监理工程师向业主和施工总承包单位介绍了项目监理规划的主要内容：（1）工程项目概况；（2）监理工作范围；（3）监理工作目标；（4）监理单位的权利和义务；（5）工程项目实施组织方式；（6）项目监理机构的组织形式；（7）监理工作方法及措施；（8）监理设施等内容。

事件3 为了监理工程师便于对工程参与方进行协调管理，业主绘制了项目组织结构及项目合同关系图（见图1-5、图1-6）交给了项目监理机构。

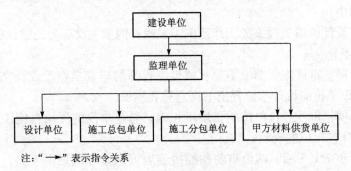

图1-5 项目组织结构图

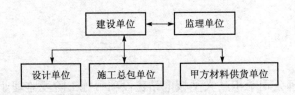

图1-6 项目合同关系图

**? 问题**

1. 逐条说明事件1中，专业监理工程师提出的监理规划编制的基本原则和依据是否正确？不正确的请给予改正。
2. 事件2中，总监理工程师介绍的项目监理规划内容有哪些不妥之处？请说明理由。项目监理规划中还应补充哪些内容？
3. 改正事件3中业主绘制的项目组织结构及项目合同关系图中的错误。

**答案**

1. （1）正确。
（2）正确。
（3）不正确；监理规划的主要作用是指导项目监理机构实施监理，为业主提供良好的服务，实现建设投资效益的同时实现监理单位的企业价值。
（4）正确。
（5）不正确。工程环境条件不变是相对的，变化是绝对的，监理规划要根据工程项目的实际情况和环境条件的变化及时修改和完善，使其更符合客观实际，才能真正起到指导监理工作的作用。
（6）不正确。目标体系的综合平衡应是业主项目决策阶段的依据与前提，此外，监理单位也不能"保证实现"项目目标。

（7）不正确。施工组织设计文件不是编制监理规划的依据。

2.（1）项目监理规划内容的不妥之处与理由：

① 监理规划中不应有"（4）监理单位的权利和义务"，此内容应在委托监理合同中与业主约定。

② 监理规划中不应有"（5）工程项目实施组织方式"，因为业主的工程发包工作已结束，该项工作应由业主在工程早期决策。

（2）项目监理规划中还应补充：监理工作内容、监理工作依据、项目监理机构的人员配备计划、项目监理机构的人员岗位职责、监理工作程序、监理工作制度。

3.（1）改正后的项目组织结构图如图1-7所示。

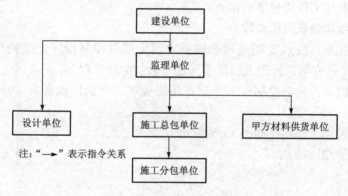

图1-7 项目组织结构图

（2）改正后的项目合同关系图如图1-8所示。

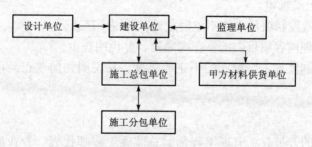

图1-8 项目合同关系图

## 案例 14

### 背景

某监理单位承担了某工程项目施工阶段的监理任务，在监理单位编制的监理规划中提出以下几点。

1. 项目监理机构的人员配备。

项目监理机构人员由总监理工程师、总监理工程师代表、专业监理工程师、专业技术工程师、造价工程师、监理员和检查员等组成。

2. 项目监理机构实行总监理工程师负责制，总监理工程师负责监理业务的全面管理和重大问题的决策。其主要职责是：

(1) 复核工程计量的有关数据并签署原始凭证；

(2) 审定承包单位提交的施工组织设计、技术方案、进度计划；

(3) 核查进场材料、构配件、设备的原始凭证、检测报告等质量证明文件；

(4) 审查分包单位的资质，并提出审查意见；

(5) 主持或参加工程质量事故调查；

(6) 分项工程和隐蔽工程验收。

3. 工程质量控制：按照委托监理合同要求制定质量控制程序，检验与批准工程材料，审批工程设备与工艺方案，处理工程质量问题，验收隐蔽工程等。

4. 合同管理内容：包括控制施工工期与施工成本，全面协调各有关单位的关系，处理工程变更等。

5. 进度控制监理工作程序如图1-9所示。

6. 安全生产管理（略）。

## ❓ 问题

1. 项目监理机构配备的各类人员中，哪些人员具有监理文件的签字权？

2. 逐项说明监理规划中所列职责是否应由总监理工程师承担，不属于总监理工程师职责的指出该职责应由谁承担。

3. 指出工程质量控制项目内的不正确之处，并说明理由。

4. 指出合同管理内容项目内的不正确之处，并说明理由。

5. 指出进度控制监理工作程序的不正确之处，并说明如何改正。请画出工程质量监理程序框图。

## 答案

1. 具有签字权的人员有总监理工程师、总监理工程师代表、专业监理工程师、造价工程师。

2. (1) 复核工程计量的有关数据并签署原始凭证；不正确，应由监理员承担。

(2) 审定承包单位提交的施工组织设计、技术方案、进度计划；正确。

(3) 核查进场材料、构配件、设备的原始凭证、检测报告等质量证明文件；不正确，应由专业监理工程师承担。

(4) 审查分包单位的资质，并提出审查意见；正确。

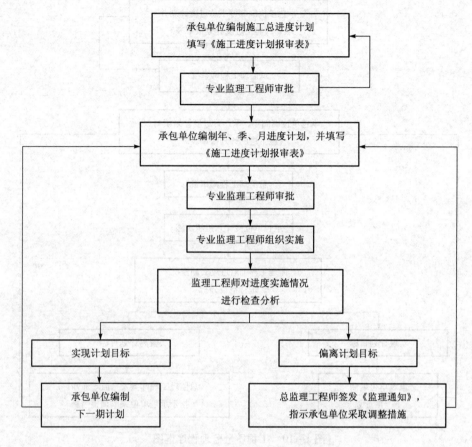

图1-9 进度控制监理工作程序

(5) 主持或参加工程质量事故调查；正确。

(6) 分项工程和隐蔽工程验收；不正确，应由专业监理工程师承担。

3. 审批工程设备与工艺方案不正确，审批设备与工艺方案属于业主在设计阶段决策的工作内容。

4. 控制施工工期与施工成本不正确，控制施工工期属于进度控制的监理工作内容，控制施工成本则属于施工单位的工作。

5. 进度控制监理工作程序中：(1) 对承包单位进度计划的审批应是总监理工程师的职责，不应由专业监理工程师审批；(2) 专业监理工程师组织实施进度计划不正确，应由承包单位实施。如图1-10所示。

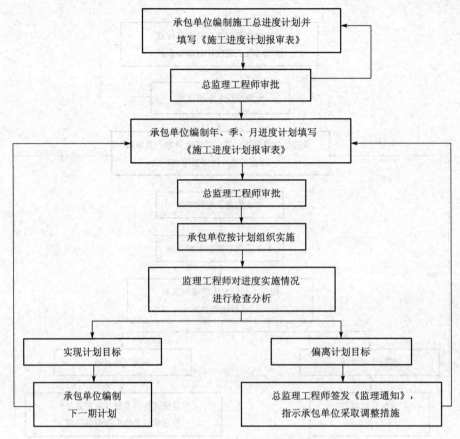

图 1-10 工程质量监理程序框图

## 案例 15

### 背景

某监理单位从某建设项目的监理招标文件获悉：光大建设开发公司要在某市海滨地区修建一条高等级公路，该工程包括路基、桥梁、隧道、路面等主要项目。该项目的基本情况如表 1-4 所示。

表 1-4 项目的基本情况

| 子项目名称 | 路基 | 桥梁 | 隧道 | 路面 |
| --- | --- | --- | --- | --- |
| 造价/万元 | 25 600 | 11 000 | 25 900 | 12 000 |

监理招标文件要求，投标单位必须对项目监理费用提出报价，在施工监理服务收费基准

## 第1章 建设工程监理组织管理案例

价基础上下浮20%，专业调整系数为1、工程复杂程度调整系数为0.85、高程调整系数为1，施工监理服务收费基价按表1-5计取。

表1-5 施工监理服务收费基价表　　　　　　　　单位：万元

| 序 号 | 计费额 | 收费基价 |
|---|---|---|
| 1 | 500 | 16.5 |
| 2 | 1 000 | 30.1 |
| 3 | 3 000 | 78.1 |
| 4 | 5 000 | 120.8 |
| 5 | 8 000 | 181.0 |
| 6 | 10 000 | 218.6 |
| 7 | 20 000 | 393.4 |
| 8 | 40 000 | 708.2 |
| 9 | 60 000 | 991.4 |
| 10 | 80 000 | 1 255.8 |
| 11 | 100 000 | 1 507.0 |
| 12 | 200 000 | 2 712.5 |
| 13 | 400 000 | 4 882.6 |
| 14 | 600 000 | 6 835.6 |
| 15 | 800 000 | 8 658.4 |
| 16 | 1 000 000 | 10 390.1 |

业主委托监理单位后，通过公开招标，分别将桥梁工程、隧道工程和路基路面工程发包给了甲、乙、丙三家施工单位。

监理单位针对业主对工程的发包情况和工程特点，总监理工程师提出现场监理机构设置成矩阵制形式和设置成直线制形式两种方案供大家讨论。

### ? 问题

1. 监理单位的监理报价是多少？
2. 业主对工程施工采用了什么样的发包模式？该发包模式有什么优点？
3. 作为监理工程师，应推荐采用哪种监理机构组织方案？说明理由并绘出相应的组织结构示意图。

### 答案

1. 监理单位的监理报价：

（1）计费额：25 600 + 11 000 + 25 900 + 12 000 = 74 500（万元）

（2）监理服务收费基价：$(1\ 255.8 - 991.4) \times (74\ 500 - 60\ 000)/(80\ 000 - 60\ 000) + 991.4 = 1\ 183.09$（万元）

（3）施工监理服务收费基准价：$1\ 183.09 \times 1 \times 0.85 \times 1 = 1\ 005.626\ 5$（万元）

（4）施工监理服务收费：$1\ 005.626\ 5 \times 0.8 = 804.501\ 2$（万元）

2. 业主对工程施工采用了平行承发包的发包模式，该发包模式的优点是：有利于缩短工期，有利于质量控制，有利于业主选择承包单位。

3. （1）作为监理工程师应推荐采用直线制的监理组织形式。

（2）因为矩阵制组织结构形式虽然适合于大中型工程项目，具有较大的机动性，有利于解决复杂问题和加强各部门之间的协作，但对于工程项目在地理位置上相对集中一些的工程来说较为适宜，便于纵向部门和横向部门之间的配合。而本工程是公路工程，矩阵制组织结构形式的纵向与横向之间的相互配合有困难，不能发挥该组织结构形式的优点。直线制组织结构形式也适合于大中型工程项目，并且结构形式简单，职责分明，决策迅速，可按千米分段或按不同的工程承包单位设置子项目监理部，所以专业监理工程师宜推荐采用直线制的监理组织结构形式。

（3）监理组织结构示意图如图 1-11 和图 1-12 所示。

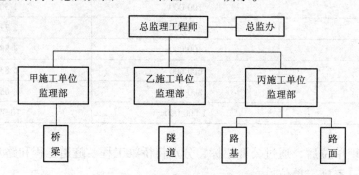

图 1-11 直线制监理组织机构一

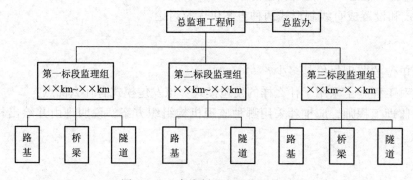

图 1-12 直线制监理组织机构二

## 案例 16

### 背景

某业主开发建设一栋24层综合办公写字楼，委托A监理公司进行监理，经过施工招标，业主选择了B施工单位承担工程施工任务。B施工单位将基坑围护桩和土方开挖工程分包给C地基基础工程公司，将暖通、水电工程分包给D安装公司。

该工程在施工过程中发生了以下事件。

事件1 开工前，在总监理工程师组织的监理工作会议上，监理工程师讨论了在B施工单位进入施工现场到工程正式开工这一期间应开展的工作，总监理工程师要求大家认真熟悉：① 工程项目有关批文、报告文件（各种批文、可行性研究报告、勘察报告等）；② 工程设计文件、图纸等有关资料；③ 认真审核施工单位提交的施工组织设计文件、施工专项方案等有关文件和资料等。

事件2 C地基基础工程公司完成基坑围护桩施工后，B施工单位确定了基坑开挖方案，报项目监理机构审核。项目监理机构审核后回函B施工单位，指出该开挖方案不当，会造成基坑围护桩破坏，需修订后再报审。但B施工单位没作任何修改即交给C地基基础工程公司付诸实施。C地基基础工程公司明知该开挖方案存在缺陷，但为了赶工期，还是按既定方案组织了开挖。在挖土过程中多数基坑围护桩桩顶偏移断裂，补桩加固花费为160万元，耽误工期1个月。

事件3 暖通工程施工中，D安装公司订购的一批钢管运抵施工现场后，向专业监理工程师申报检验，检验中监理人员发现钢管存在以下质量问题：

（1）D安装公司未能提交产品合格证、质量保证书和检测证明资料；

（2）实物外观粗糙、标识不清，且有锈斑。

### 问题

1. 事件1中，总监理工程师要求大家认真熟悉的有关资料中还应包括哪些主要资料？要认真审核的有关文件和资料中还应包括哪些主要文件和资料？
2. 针对事件2，分析造成基坑围护桩断裂事故的责任方。该工程质量事故的损失由谁来承担？
3. 事件3中，专业监理工程师有哪些不妥之处？请说明理由。
4. 事件3中，专业监理工程师对这批材料应如何处理？

### 答案

1.（1）在施工单位进入施工现场到工程正式开工这一期间，总监理工程师要求大家认真熟悉的有关资料中还应包括：

① 施工规范、验收标准、质量评定标准等；

② 有关法律、法规文件；

③ 合同文件（监理合同、承包合同等）。
（2）要认真审核的有关文件和资料中还应包括：
① 施工单位质量保证体系或质量保证措施文件；
② 分包单位的资质；
③ 进场工程材料的合格证、技术说明书、质量保证书、检验试验报告等；
④ 主要施工机具、设备的组织配备和技术性能报告；
⑤ 审核拟采用的新材料、新结构、新工艺、新技术的技术鉴定文件；
⑥ 审核施工单位开工报告，检查核实开工应准备的各项条件。

2.（1）该事故的主要责任方是决定挖土方案的B施工单位，次要责任是C地基基础工程公司（挖土单位），因为C地基基础工程公司在接受该方案时，明知存在缺陷，却照此施工，造成多数基坑围护桩断裂。（2）该质量事故的损失应由双方共同承担。

3. 专业监理工程师接受D安装公司提出的材料报验不妥。理由：D安装公司是分包单位，专业监理工程师不应越过工程总包单位直接与分包单位发生工作联系。

4.（1）由于该批材料由D安装公司采购，专业监理工程师检验发现外观不良，标识不清，且无合格证等资料，专业监理工程师应书面通知B施工单位不得将该批材料用于工程，并抄送业主备案。

（2）专业监理工程师应要求B施工单位提交该批产品的产品合格证、质量保证书、材质化验单、技术指标报告和生产厂家生产许可证等资料，以备专业监理工程师检查生产厂家和材质保证等方面的书面资料。

（3）如果B施工单位提交了以上资料，经专业监理工程师审查符合要求，则B施工单位应按技术规范要求对该产品进行有监理人员鉴证的取样送检。如果经检测后证明材料质量符合技术规范、设计文件和工程承包合同要求，则专业监理工程师可进行质检签证，并书面通知B施工单位。

（4）如果B施工单位不能提供第（2）条所述的资料，或虽提供了上述资料，但经检测后质量不符合技术规范、设计文件或承包合同要求，则专业监理工程师应书面通知B施工单位不得将该批管材用于工程，并要求B施工单位通知D安装公司将该管材运出施工现场。

（5）监理工程师应将处理结果书面通知业主。工程材料的检测费用由B施工单位承担。

## 案例17

### 背景

某中外合资项目，业主委托了某监理单位实施监理，并与某施工企业签订了施工合同。该工程实施过程中发生了以下事件。

事件1 监理单位进入现场后，按委托监理合同约定向业主报送了项目监理机构的组织形式、人员名单、人员分工等有关文件。时过半年，业主代表检查施工现场时，没有看到监理单位现场监理工程师,即函告项目监理机构的总监理工程师,要求报送监理人员详细分工名单,并注明每个专业监理工程师上午干什么、下午干什么、室外工作几小时、室内工作几小时等内容。总监理工程师拒绝报送业主代表提出的"监理人员详细分工名单",在维护监理单位信誉的原则下,有理有节地回答了业主代表。

事件2 在基础施工过程中,由于施工作业班组违章,基础插筋位移过大出现质量事故,专业监理工程师发现后下达《监理工程师通知单》,要求施工单位整改。施工单位按专业监理工程师的指令进行了整改。项目监理机构将此事故的出现及处理情况向业主作了报告,业主代表向项目监理机构行文:"项目基础工程施工出现插筋位移质量事故,作为监理单位负有一定的责任,现通知你们扣除1%的监理服务费"。

事件3 为了确保现场文明施工,业主代表行文要求施工单位将现场多余土方运到合同规定的指定地点,若发现施工单位随意卸土,卸一车罚款1万元。施工单位开挖某管沟时临时将15车土卸到了管沟附近准备用以回填。当月,业主代表要求项目监理机构在施工单位结算工程进度款时扣款15万元。施工单位申述:施工合同约定须将项目弃土运到规定地点,但没有约定回填土的放置地点,不同意扣款。

事件4 在回填土时,施工单位分层填土厚度超过规范规定,夯实也不够认真。但施工单位报送的干容重资料均符合设计要求。但项目监理机构不予认可,要求施工单位按项目监理机构批准的取样方案进行干容重复检,施工单位接受了这一指令,但业主代表不相信施工单位的试验报告,要求项目监理机构自行组织检测回填土干容重。项目监理机构为了尊重业主代表的意见,编制了一个干容重检测费预算,共2.5万元报送给业主,业主代表批准后,项目监理机构即将组织检测。

事件5 该工程屋面排水面积为65 000 m$^2$,属内排水,雨水管已全部安排完毕。总图雨水主干管也已施工完毕,但由于工程项目较大,设计单位分工细,加之出图不能满足施工进度要求,雨水支管没有设计图纸,无法施工。进入雨季后,为了应急,项目监理机构与施工单位在征得设计单位的同意后,确定了施工方案,在没有设计图纸的情况下,就施工完了。此事已在监理例会上向业主作了报告,有会议纪要。工程竣工结算时发现该部分工程仍没有正式的设计图纸,项目监理机构进行了签证,业主代表称此变更违背了设计变更程序,也不支付费用。施工单位无奈,向项目监理机构报告,认为此变更没按程序办理,而且时间拖得太长,属项目监理机构工作失误,若业主代表继续拒绝支付,施工方将拆除该车间的全部雨水支管。

## ? 问题

1. 事件1中,总监理工程师应怎样行文回答业主代表?
2. 事件2中,监理单位可否接受业主代表的决定?并说明理由。
3. 事件3中,业主代表的做法是否妥当?请说明理由。项目监理机构在工程结算时如何处理这15万元?

4. 事件 4 中，项目监理机构的做法是否正确？说明理由。

5. 事件 5 中，项目监理机构应该如何协调业主与施工单位的纠纷？

## 答案

1. 总监理工程师可用备忘录的形式回复，回复内容如下：

贵方要求重新报送监理人员名单及分工情况的备忘录已收到，这份名单我已于××××年××月××日报送，文号为××××，发文登记表上有贵方的签收记录，假如贵方查找不到，我方可提供复印件。至于贵方要求增加每个专业监理工程师上午干什么、下午干什么、室外工作多少时间、室内工作多少时间，属项目监理机构内部工作安排事务，作为业主代表不宜干预。贵方检查现场时没有看到专业监理工程师在现场，因工地太大这是难免的，我方在工作中从未出现监理失职问题，所以不能满足贵方要求，请谅解。

2. 监理单位不能接受业主代表的决定，因为施工单位的质量事故，不是执行监理单位的错误指令形成的。监理单位没有工作失职，因而扣 1% 的监理费不能接受。

3. 业主代表的做法不妥当，因为不符合合同规定。项目监理机构在工程结算时，当施工单位处理完回填土以后，在工程结算不应扣除这 15 万元。

4. 项目监理机构的做法正确，因为这是监理合同的规定，业主若不支付费用项目监理机构可不承担"检测"业务。

5. 项目监理机构应向业主报告，报告的基本内容如下。

关于雨水支管的设计图纸尽管迟到，纯属工作失误，主要责任在设计单位，业主方也应该承担责任，该问题的处理过程有各方会签的文字记载（附×××会议纪要）。设计单位没能及时出图处理，责任应由设计单位承担，作为施工单位提出"不支付费用就拆支管"的申报是不理智的，施工单位已同意完善竣工资料。为了履行合同条款，请你认可设计变更，并批准项目监理机构已审定的结算。

## 案例 18

### 背景

某工程项目划分为 3 个相对独立的标段（合同段），业主组织了招标并分别和 3 家施工单位签订了施工承包合同。承包合同价分别为 2 850 万元、3 200 万元和 2 150 万元。合同工期分别为 28 个月、25 个月和 24 个月。根据第三标段施工合同约定，合同内的打桩工程由施工单位分包给专业基础工程公司施工。工程项目施工前，业主委托了一家监理公司承担施工阶段监理工作。

项目总监理工程师提交的部分内容如下。

（一）工程项目概况

（二）监理工作内容

1. 协助业主组织施工招标工作；
2. 审核工程概算；
3. 审查、确认承包单位选择的分包单位；
4. 检查工程使用的材料、构件、设备的规格和质量；
……

（三）监理工作目标

静态投资目标：8 200 万元

进度目标：28 个月

……

（四）项目监理机构的人员岗位职责

1. 负责隐蔽工程验收；
2. 担任旁站工作，做好旁站监理记录和监理日记；
3. 检查施工单位投入人力、材料、设备及其使用、运行情况，并做好检查记录；
4. 审查分包单位资质，并提出审查意见；
5. 调解业主和施工单位的合同争议、处理索赔；

……

（五）监理工作方法及措施

（六）监理工作制度

档案管理制度

……

# ? 问题

1. 监理规划中的内容有哪些不妥之处？应如何改正？
2. 指出监理规划中的主要缺项内容。
3. 按照《建设工程文件归档整理规范》，建设工程文件主要由哪几类组成？监理机构自身的文件档案主要有哪些？

# 答案

1. 监理规划中：

（二）的第 1 条不妥。因为不是施工阶段监理工作内容。

（二）的第 2 条不妥。因为不是施工阶段监理工作内容。

（三）的静态投资目标不妥。应分三个标段描述，即：第一标段 2 850 万元、第二标段 3 200 万元、第三标段 2 150 万元。

（三）的进度目标不妥。应分三个标段描述，即：第一标段 28 个月、第二标段 25 个月、第三标段 24 个月。

（四）不妥。各项人员岗位职责应分别明确，即第 1 条是专业监理工程师职责，第 2、3

条是监理员职责,第 4、5 条是总监理工程师职责。

2. 监理规划的缺项有:监理工作范围、监理工作目标、监理机构的组织形式、监理机构的人员配备计划、监理工作程序、监理设施。

3. 建设工程文件主要有工程准备阶段文件、监理文件、施工文件、竣工图、竣工验收文件五大类。

监理机构的文件档案主要有监理规划、监理实施细则、监理日记、监理例会会议纪要、监理月报、监理工作总结。

# 案例 19

## 背景

建设单位将一高层办公大厦的施工阶段监理任务委托给了某监理单位,双方签订了《建设工程委托监理合同》。由于该工程项目系 32 层钢筋混凝土框剪结构,地处繁华街区、施工场地狭小、高空作业多,项目总监理工程师专门组织项目监理机构中有关监理人员学习了《建设工程安全生产管理条例》等文件;在实施监理过程中,还特别强调了对安全管理问题应当严格按照法律、法规和工程建设强制性标准实施监理。

## 问题

1. 在《建设工程安全生产管理条例》中,确立了哪些安全生产管理制度?

2. 对施工单位在施工组织设计中编制的安全技术措施和施工现场用电方案,要求哪些达到一定规模的危险性较大的分部分项工程需要编制专项施工方案,并经总监理工程师签字后实施?

3. 监理单位在实施监理过程中,发现安全事故隐患未及时要求施工单位整改或者暂时停止施工的,要承担什么法律责任?

## 答案

1. 《建设工程安全生产管理条例》中,对安全生产管理确立了 13 项主要制度,其中包括:

(1) 实行依法批准开工报告的建设工程和拆除工程备案制度;

(2) 施工单位的主要负责人、项目负责人、专职安全生产管理人员考核任职制度;

(3) 特殊工种作业人员持证上岗制度;

(4) 施工起重机械使用登记制度;

(5) 政府安全监督检查制度;

(6) 危及施工安全工艺、设备、材料淘汰制度;

(7) 生产安全事故报告制度;

(8) 安全生产责任制度;

（9）安全生产教育培训制度；

（10）专项施工方案专家论证审查制度；

（11）施工现场消防安全责任制度；

（12）意外伤害保险制度；

（13）生产安全事故应急救援制度。

2. 编制专项施工方案的分部分项工程包括：

（1）基坑支护与降水工程；

（2）土方开挖工程；

（3）模板工程；

（4）起重吊装工程；

（5）脚手架工程；

（6）拆除、爆破工程；

（7）国务院建设行政主管部门或者其他有关部门规定的其他危险性较大的工程。

3. 监理单位"发现安全事故隐患未及时要求施工单位整改或者暂时停止施工的"，按《建设工程安全生产管理条例》第五十七条规定：责令限期改正；逾期未改正的，责令停业整顿，并处 10 万元以上 30 万元以下罚款；情节严重的，降低资质等级，直至吊销资质证书；造成重大安全事故，构成犯罪的，对直接责任人员，依照刑法有关规定追究刑事责任；造成损失的，依法承担赔偿责任。

## 案例 20

### 背景

某机械厂总装车间建设项目，是一座典型的钢筋混凝土装配式单层工业厂房。基坑采用放坡大开挖；混凝土灌注桩基和杯形基础；预制钢筋混凝土柱、屋架、吊车梁；屋架和吊车梁用后张法就地预加应力；外购屋面板；钢支撑结构。建设单位与某监理单位签订了委托监理合同，与施工单位签订了施工合同。

项目总监理工程师主持编制了监理规划，上报监理单位审批。监理单位技术负责人建议总监理工程师修改或补充完善监理规划中如下内容。

一、修改和完善旁站监理有关内容

1. 旁站监理范围和内容：厂房基础工程的混凝土灌注桩和杯形基础混凝土浇筑；厂房主体结构工程的柱、屋架、吊车梁混凝土浇筑，柱、屋架、吊车梁、屋面板吊装，钢支撑安装。

2. 旁站监理程序：监理单位制定旁站监理方案，并送施工单位；施工单位在需要实施旁站的关键部位、关键工序进行施工前 24 小时书面通知监理机构，监理机构安排旁站人员按旁站监理方案实施监理。

3. 旁站监理人员主要职责有:

(1) 检查施工单位有关人员的上岗证和到岗情况;

(2) 检查机械、材料准备情况;

(3) 检查旁站部位、工序有否执行强制性标准和施工方案;

(4) 核查进场材料、构配件、设备、商品混凝土的质量检测报告,监督施工单位的检验或委托第三方复验。

4. 旁站人员发现施工单位有违反强制性标准的行为时,应立即报告监理工程师或总监理工程师处理;

5. 凡旁站监理人员未在旁站监理记录上签字的,不得进行下一道工序施工。

……

二、关于竣工验收阶段的监理工作,规划中有:

1. 认真审查施工单位提交的竣工资料,并提出监理意见;

2. 总监理工程师组织监理工程师对工程质量进行全面检查,并提出整改意见,督促及时整改;

3. 工程预验收合格后,由总监理工程师签署竣工报验单,并向业主提出由总监理工程师签字的工程质量评估报告;

4. 协助建设单位在竣工报验单签署后21天内组织竣工验收;

5. 参加由建设单位组织的竣工验收,并签署监理意见;

……

三、规划中有关监理资料及档案管理制度的内容如下:

1. 监理资料由项目总监负责管理,由某信息管理工程师具体实施;

2. 监理资料必须及时整理、真实完整、分类有序;

3. 监理资料应在各阶段监理工作结束后及时归档;

4. 监理档案的编制质量和组卷方法应满足国家有关要求;

5. 每位监理工程师都应当正确无误地填写和签发"监理单位用表(B类表)";

6. 每一个监理人员都应熟悉要在不同单位归档保存的10大类监理文件;

……

四、监理单位技术负责人认为,监理规划中目标实现的风险分析部分是一个薄弱环节,建议补充以下内容:

1. 要根据本建设项目的工程情况和建设条件,列出投资、质量、进度三大目标控制的常见风险和主要风险;

2. 在正确认识风险的基础上,制定相应的风险对策。

? 问题

1. 在施工旁站监理各条内容中,有哪些不恰当?错误的请改正,不完整的请补充。

2. 竣工验收阶段的监理工作中，有哪些错误？并请改正。

3. （1）对照监理单位资料和档案管理的职责，请对规划内容进行补充。

（2）在监理用表（B类表）中，哪些必须由项目总监理工程师签发？请写出应由建设单位永久保存，监理单位长期保存，并送档案管理部门保存的两个监理文件。监理规划如何归档保存？

## 答案

1.（1）旁站监理内容不完整。应补充土方回填，混凝土屋架和吊车梁的预应力张拉；

（2）旁站程序不恰当。旁站监理方案还应送建设单位和工程质量监督机构；

（3）旁站监理人员职责不完整。应补充做好旁站监理记录和监理日记，保存旁站监理原始资料；

（4）错误。应改为旁站监理人员有权责令施工单位立即整改；

（5）不恰当。应改为凡旁站监理人员和施工单位现场质检人员未在旁站记录上签字的，不得进行下一道工序施工。

2. 第3、4错误。3应改为工程质量评估报告要由总监理工程师和监理单位技术负责人审核签字。4应改为28天内组织竣工验收。

3. （1）应补充：① 对施工单位工程文件的形成、积累、立卷归档进行监督、检查；② 监理文件应按规定套数、内容在各阶段监理工作结束后及时移交建设单位汇总。

（2）① 工程暂停令、工程款支付证书、工程临时延期审批表、工程最终延期审批表和费用索赔审批表必须由总监签发。② 工程延期报告及审批和合同争议、违约报告及处理意见两个文件要由建设单位永久保存，监理单位长期保存，并送档案管理部门保存。③ 监理规划应由建设单位长期保存，监理单位短期保存，并送档案管理部门保存。

# 第2章 建设工程监理投资控制案例

## 案例1

### 背景

某项目业主与承包商签订了工程施工合同,合同中含甲、乙两个子项工程,甲项估算工程量为 2 300 m³,合同价为 180 元/m³,乙项估算工程量为 3 200 m³,合同价为 160 元/m³。施工合同还规定:

(1) 开工前业主向承包商支付合同价20%的预付款;
(2) 业主每月从承包商的工程款中,按5%的比例扣留质量保证金;
(3) 子项工程实际工程量超过估算工程量10%以上,可进行调价,调整系数为0.9;
(4) 根据市场预测,价格调整系数平均按1.2计算;
(5) 监理工程师签发月度付款最低金额为25万元;
(6) 预付款在最后两个月扣回,每月扣50%。

承包商每月实际完成并经监理工程师签证确认的工程量如表 2-1 所示。

表 2-1 承包商实际完成工程量表

| 月度<br>子项目 | 1 | 2 | 3 | 4 |
|---|---|---|---|---|
| 甲项/万元 | 500 | 800 | 800 | 600 |
| 乙项/万元 | 700 | 900 | 800 | 600 |

### 问题

1. 该工程的预付款是多少?
2. 承包商每月工程量价款是多少?总监理工程师应签证的工程款是多少?实际签发的付款凭证金额是多少?

### 答案

1. 预付款金额为:$(2\ 300 \times 180 + 3\ 200 \times 160) \times 20\% = 18.52$(万元)
2. (1) 第一个月

工程量价款为:$500 \times 180 + 700 \times 160 = 20.2$(万元)

应签证的工程款为 20.2×1.2×(1−5%)=23.028（万元）

由于合同规定监理工程师签发的最低金额为 25 万元，故本月监理工程师不予签发付款凭证。

（2）第二个月

工程量价款为：800×180+900×160=28.8（万元）

应签证的工程款为：28.8×1.2×0.95=32.832（万元）

本月总监理工程师实际签发的付款凭证金额为：23.028+32.832=55.86（万元）

（3）第三个月

工程量价款为：800×180+800×160=27.2（万元）

应签证的工程款为：27.2×1.2×0.95=31.008（万元）

应扣预付款为：18.52×50%=9.26（万元）

应付款为：31.008−9.26=21.748（万元）

总监理工程师签发月度付款最低金额为 25 万元，所以本月监理工程师不予签发付款凭证。

（4）第四个月

甲项工程累计完成工程量为 2 700 m³，比原估算工程量 300 m³ 超出 400 m³，已超过估算工程量的 10%，超出部分其单价应进行调整。

超过估算工程量 10% 的工程量为：2 700−2 300×(1+10%)=170（m³）

这部分工程量单价应调整为：180×0.9=162（元/m³）

甲项工程工程量价款为：(600−170)×180+170×162=10.494（万元）

乙项工程累计完成工程量为：3 000 m³，比原估算工程量 3 200 m³ 减少 200 m³，不超过估算工程量，其单价不予进行调整。

乙项工程工程量价款为：600×160=9.6（万元）

本月完成甲、乙两项工程量价款合计为：10.494+9.6=20.094（万元）

应签证的工程款为：20.094×1.2×0.95=22.907（万元）

本月总监理工程师实际签发的付款凭证金额为：21.748+22.907−18.52×50%=35.395（万元）

## 案例 2

### 背景

某工程，建设单位与施工单位按《建设工程施工合同（示范文本）》签订了施工合同，采用可调价合同形式，工期 20 个月，项目监理机构批准的施工总进度计划如图 2−1 所示，各项工作在其持续时间内均为匀速进展。每月计划完成的投资（部分）见表 2−2。

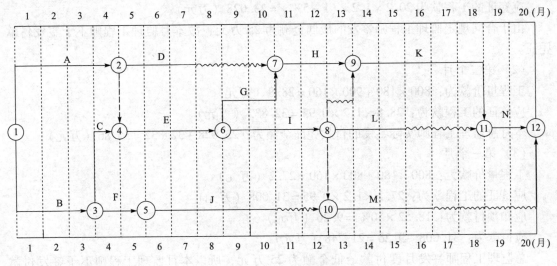

图 2-1 施工总进度计划

表 2-2 每月计划完成的投资(部分)  单位:万元/月

| 工 作 | A | B | C | D | E | F | J |
|---|---|---|---|---|---|---|---|
| 计划完成投资 | 60 | 70 | 90 | 120 | 60 | 150 | 30 |

施工过程中发生了如下事件。

事件 1　建设单位要求调整场地标高,设计单位修改施工图,致使 A 工作开始时间推迟 1 个月,导致施工单位机械闲置和人员窝工损失。

事件 2　设计单位修改图纸使 C 工作工程量发生变化,增加造价 10 万元,施工单位及时调整部署,如期完成了 C 工作。

事件 3　D、E 工作受 A 工作的影响,开始时间也推迟了 1 个月。由于物价上涨原因,6—7 月份 D、E 工作的实际完成投资较计划完成投资增加了 10%,D、E 工作均按原持续时间完成;由于施工机械故障,J 工作 7 月份实际只完成了计划工程量的 80%,J 工作持续时间最终延长 1 个月。

事件 4　G、I 工作在实施过程中遇到异常恶劣的气候,导致 G 工作持续时间延长 0.5 个月;施工单位采取了赶工措施,使 I 工作能按原持续时间完成,但需增加赶工费 0.5 万元。

事件 5　L 工作为隐蔽工程,在验收后项目监理机构对其质量提出了质疑,并要求对该隐蔽工程进行剥离复验。施工单位以该隐蔽工程已经监理工程师验收为由拒绝复验。在项目监理机构坚持下,对该隐蔽工程进行了剥离复验,复验结果工程质量不合格,施工单位进行了整改。

以上事件 1~事件 4 发生后,施工单位均在规定的时间内提出顺延工期和补偿费用要求。

## ❓ 问题

1. 事件 1 中，施工单位顺延工期和补偿费用的要求是否成立？请说明理由。
2. 事件 4 中，施工单位顺延工期和补偿费用的要求是否成立？请说明理由。
3. 事件 5 中，施工单位、项目监理机构的做法是否妥当？请分别说明理由。
4. 针对施工过程中发生的事件，项目监理机构应批准的工程延期为多少个月？该工程实际工期为多少个月？
5. 在表 2-3 中填出空格处的已完工程计划投资和已完工程实际投资，并分析第 7 个月末的投资偏差和以投资额表示的进度偏差。

表 2-3  1—7 月投资情况                  单位：万元

| 月份 | 第1月 | 第2月 | 第3月 | 第4月 | 第5月 | 第6月 | 第7月 | 合计 |
|---|---|---|---|---|---|---|---|---|
| 拟完工程计划投资 | 130 | 130 | 130 | 300 | 330 | 210 | 210 | 1 440 |
| 已完工程计划投资 |  | 130 | 130 |  |  |  |  |  |
| 已完工程实际投资 |  | 130 | 130 |  |  |  |  |  |

## 📝 答案

1. 施工单位顺延工期和补偿费用的要求成立，因为 A 工作开始时间推迟属建设单位原因且 A 工作在关键线路上。

2. 施工单位顺延工期要求成立，因为该事件为不可抗力事件且 G 工作在关键线路上。补偿费用要求不成立，因属施工单位自行赶工。

3. 施工单位的做法不妥，施工单位不得拒绝剥离复验；项目监理机构的做法妥当，因为对隐蔽工程质量产生质疑时有权进行剥离复验。

4. 事件 1 发生后，项目监理机构应批准工程延期 1 个月；事件 4 发生后，项目监理机构应批准工程延期 0.5 个月。

因其他事件未造成工期延误，故该工程实际工期为 20+1+0.5=21.5（月）

5. 1—7 月份具体的投资情况如表 2-4 所示。

表 2-4  1—7 月份具体的投资情况                  单位：万元

| 月份 | 1月 | 2月 | 3月 | 4月 | 5月 | 6月 | 7月 | 合计 |
|---|---|---|---|---|---|---|---|---|
| 拟完工程计划投资 | 130 | 130 | 130 | 300 | 330 | 210 | 210 | 1 440 |
| 已完工程计划投资 | 70 | 130 | 130 | 300 | 210 | 210 | 204 | 1 254 |
| 已完工程实际投资 | 70 | 130 | 130 | 310 | 210 | 228 | 222 | 1 300 |

7 月末投资偏差 = 1 300 - 1 254 = 46（万元）>0，投资超支。

7 月末进度偏差 = 1 440 - 1 254 = 186（万元）>0，进度拖延。

## 案例3

### 背景

某工程项目由于业主违约,合同被迫终止。终止前的财务状况如下:有效合同价为1 000万元,利润目标为有效合同价的5%。违约时已完成合同工程造价800万元。每月扣保留金为合同工程造价的10%,保留金限额为有效合同价的5%。动员预付款为有效合同价的5%(未开始回扣)。承包商为工程合理订购材料50万元(库存量)。承包商已完成暂定项目50万元。指定分包项目100万元,计日工10万元,其中暂定金调整百分比为10%。承包商设备撤回其国内基地的费用为10万元(未单独列入工程量表),承包商雇佣的所有人员的遣返费为10万元(未单独列入工程量表)。已完成的各类工程及计日工均已按合同规定支付。假定该项工程实际工程量与工程量表中一致,且工程无调价。

### 问题

1. 合同终止时,承包商共得到多少暂定金付款?
2. 合同终止时,业主已实际支付各类工程付款共计多少万元?
3. 合同终止时,业主还需支付各类补偿款多少万元?
4. 合同终止时,业主总共应支付多少万元的工程款?

### 答案

1. 承包商共得暂定金付款 = 对指定分包商的付款 + 承包商完成的暂定项目付款 + 计日工 + 对指定分包商的管理费

   $= 100 + 50 + 10 + 100 \times 10\%$

   $= 170$(万元)

2. 业主已实际支付各类工程付款 = 已完成的合同工程价款 − 保留金 + 暂定金付款 + 动员预付款

   $= 800 - 1\,000 \times 5\% + 170 + 1\,000 \times 5\%$

   $= 800 - 50 + 170 + 50$

   $= 970$(万元)

   其中保留金取得到限额为止,为 $1\,000 \times 5\% = 50$(万元),而不是 $800 \times 10\% = 80$(万元)。

3. 业主还需支付各类补偿 = 利润补偿 + 承包商已支付的材料款 + 承包商施工设备的遣返费 + 承包商所有人员的遣返费 + 已扣留的保留金

   其中,利润补偿 $= (1\,000 - 800) \times 5\% = 200 \times 5\% = 10$(万元)。

   承包商已支付的材料款 = 50万元,业主一经支付,则材料即归业主所有。

   承包商施工设备和人员的遣返费因在工程量表中未单独列项,所以承包商报价时,应计入总体报价。因此,业主补偿时只支付合理部分。

$$承包商施工设备的遣返费 = 10 \times \frac{1\,000 - 800}{1\,000} = 10 \times 20\% = 2(万元)$$

$$承包商所有人员的遣返费 = 10 \times 20\% = 2(万元)$$

$$返还已扣保留金 = 1\,000 \times 5\% = 50(万元)$$

$$业主还需支付各类补偿款共计 = 10 + 50 + 2 + 2 + 50 = 114(万元)$$

4. 业主共应支付工程款 = 业主已实际支付的各类工程付款 + 业主还需支付的各类补偿付款 − 动员预付款

   = 970 + 114 − 1 000 × 5%

   = 970 + 114 − 50

   = 1 034(万元)

## 案例 4

### 背景

已知某分部工程的进度计划如图 2-2 所示,各工作的持续时间和预期的费用支出(各项工作单位时间内支出费用是均匀的)如表 2-5 所示。

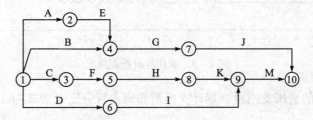

图 2-2 分部工程网络进度计划

表 2-5 工作持续时间和预期费用支出表

| 工作 | 持续时间/周 | 费用/万元 | 工作 | 持续时间/周 | 费用/万元 |
| --- | --- | --- | --- | --- | --- |
| A | 2 | 4 | G | 5 | 10 |
| B | 6 | 24 | H | 2 | 8 |
| C | 3 | 9 | I | 2 | 10 |
| D | 8 | 32 | J | 6 | 6 |
| E | 3 | 15 | K | 4 | 12 |
| F | 4 | 4 | M | 5 | 20 |

## ❓ 问题

1. 画出预算支出费用曲线。

2. 第5周周末检查发现,实际支出累计为80万元,与原预算支出费用计划相比,实际支出是超支了还是节约了(写出分析过程)?

## 📌 答案

1.(1)画出双代号时标网络图如图2-3所示。

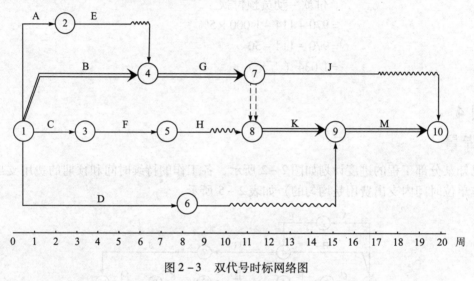

图2-3 双代号时标网络图

(2)计算每日的费用支出量、累计支出量和所占百分比(表2-6)。

表2-6 每日的费用支出量、累计支出量和所占百分比

| 时间/周 | 1 | 2 | 3 | 4 | 5 | 6 | 7 | 8 | 9 | 10 | 11 | 12 | 13 | 14 | 15 | 16 | 17 | 18 | 19 | 20 |
|---|---|---|---|---|---|---|---|---|---|---|---|---|---|---|---|---|---|---|---|---|
| 费用支出量/万元 | 13 | 13 | 16 | 14 | 14 | 9 | 7 | 10 | 11 | 7 | 2 | 4 | 4 | 4 | 4 | 5 | 5 | 4 | 4 | 4 |
| 累计支出量/万元 | 13 | 26 | 42 | 56 | 70 | 79 | 86 | 96 | 107 | 114 | 116 | 120 | 124 | 128 | 132 | 137 | 142 | 146 | 150 | 154 |
| 百分比/% | 8.4 | 16.9 | 27.3 | 36.4 | 45.5 | 51.3 | 55.8 | 62.3 | 69.5 | 74.2 | 75.3 | 77.9 | 80.5 | 83.1 | 85.7 | 89 | 92.2 | 94.8 | 97.4 | 100 |

(3)预算支出曲线(图2-4)。

2. 第5周末检查时,实际支出值为80万元,而计划值为70万元,超支了10万元。

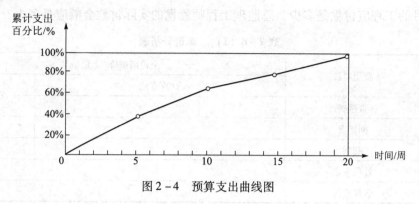

图 2-4　预算支出曲线图

## 案例 5

### 背景

某实施监理的工程项目，采用以直接费为计算基础的全费用单价计价，混凝土分项工程的全费用单价为 446 元/m³，直接费为 350 元/m³，间接费费率为 12%，利润率为 10%，营业税税率为 3%，城市维护建设税税率为 7%，教育费附加费率为 3%。施工合同约定：工程无预付款；进度款按月结算；工程量以监理工程师计量的结果为准；工程保留金按工程进度款的 3% 逐月扣留；监理工程师每月签发进度款的最低限额为 25 万元。

施工过程中，按建设单位要求设计单位提出了一项工程变更，施工单位认为该变更使混凝土分项工程量大幅减少，要求对合同中的单价作相应调整。建设单位则认为应按原合同单价执行，双方意见分歧，要求监理单位调解。经调解，各方达成如下共识：若最终减少的该混凝土分项工程量超过原先计划工程量的 15%，则该混凝土分项的全部工程量执行新的全费用单价，新全费用单价的间接费和利润调整系数分别为 1.1 和 1.2，其余数据不变。该混凝土分项工程的计划工程量和经专业监理工程师计量的变更后实际工程量如表 2-7 所示。

表 2-7　混凝土分项工程计划工程量和实际工程量表

| 月　份 | 1 | 2 | 3 | 4 |
|---|---|---|---|---|
| 计划工程量/m³ | 500 | 1 200 | 1 300 | 1 300 |
| 实际工程量/m³ | 500 | 1 200 | 700 | 800 |

### 问题

1. 如果建设单位和施工单位未能就工程变更的费用等达成协议，监理单位应如何处理？该项工程款最终结算时应以什么为依据？
2. 监理单位在收到争议调解要求后应如何进行处理？
3. 计算新的全费用单价，将计算方法和计算结果填入表 2-8（1）相应的空格中。

4. 每月的工程应付款是多少？总监理工程师签发的实际付款金额应是多少？

表 2-8（1）　单价分析表

| 序号 | 费用项目 | 全费用单价/（元/m³） | |
|---|---|---|---|
| | | 计算方法 | 结果 |
| ① | 直接费 | — | |
| ② | 间接费 | | |
| ③ | 利润 | | |
| ④ | 计税系数 | | |
| ⑤ | 含税造价 | | |

# 答案

1. （1）监理单位应提出一个暂定的价格，作为临时支付工程进度款的依据。
（2）① 如建设单位和施工单位达成一致，以达成的协议为依据。
② 如建设单位和施工单位不能达成一致，以法院判决或仲裁机构裁决为依据。
2. 监理单位应该：
（1）及时了解争议情况，进行调查和取证；
（2）及时与争议双方进行磋商；
（3）监理单位提出调解方案后，由总监理工程师进行争议调解；
（4）在争议调解过程中，监理单位应要求双方继续履行合同；
（5）当调解不能达成一致意见时，总监理工程师应在合同约定的时间内提出处理争议的意见。
3.

表 2-8（2）　填入计算方法和计算结果的单价分析表

| 序号 | 费用项目 | 全费用单价/（元/m³） | |
|---|---|---|---|
| | | 计算方法 | 结果 |
| ① | 直接费 | …… | 350 |
| ② | 间接费 | ①×12%×1.1 | 46.2 |
| ③ | 利润 | （①+②）×10%×1.2 | 47.54 |
| ④ | 计税系数 | $\{1/[1-3\%\times(1+7\%+3\%)]-1\}\times100\%$ | 3.41% |
| ⑤ | 含税造价 | （①+②+③）×（1+④） | 459 |

注：计税系数的计算方法也可表示为：
$$\{3\%\times(1+7\%+3\%)/[1-3\%\times(1+7\%+3\%)]\}\times100\%$$

4. 一月
（1）完成工程款为：500×446=223 000（元）

(2) 本月应付款为：223 000×(1－3%)＝216 310（元）

(3) 216 310 元＜250 000 元，不签发付款凭证。

二月

(1) 完成工程款为：1 200×446＝535 200（元）

(2) 本月应付款为：535 200×(1－3%)＝519 144（元）

(3) 519 144＋216 310＝735 454（元）＞250 000 元

应签发的实际付款金额为 735 454 元。

三月

(1) 完成工程款为：700×446＝312 200（元）

(2) 本月应付款为：312 200×(1－3%)＝302 834（元）

(3) 302 834 元＞250 000 元

应签发的实际付款金额为 302 834 元。

四月

(1) 最终累计完成工程量为：500＋1 200＋700＋800＝3 200（m³）

较计划减少：(4 300－3 200)/4 300×100%＝25.6%＞15%

(2) 本月应付款：3 200×459×(1－3%)－735 454－302 834＝386 448（元）

(3) 应签发的实际付款金额为 386 448 元。

## 案例 6

### 背景

某工程项目施工合同于 2009 年 12 月签订，约定的合同工期为 20 个月，2010 年 1 月开始正式施工。施工单位按合同工期要求编制了混凝土结构工程施工进度时标网络计划（见图 2－5），并经专业监理工程师审核批准。

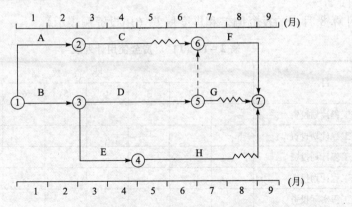

图 2－5 工程施工进度时标网络计划图

该项目的各项工作均按最早开始时间安排,且各工作每月所完成的工程量相等。各工作的计划工程量和实际工程量如表2-9所示。工作D、E、F的实际工作持续时间与计划工作持续时间相同。

表2-9 计划工程量和实际工程量

| 工作 | A | B | C | D | E | F | G | H |
|---|---|---|---|---|---|---|---|---|
| 计划工程量/m³ | 8 600 | 9 000 | 5 400 | 10 000 | 5 200 | 6 200 | 1 000 | 3 600 |
| 实际工程量/m³ | 8 600 | 9 000 | 5 400 | 9 200 | 5 000 | 5 800 | 1 000 | 5 000 |

合同约定,混凝土综合单价为1 000元/m³,按月结算。结算价按项目所在地混凝土结构工程价格指数进行调整,项目实施期间各月的混凝土结构工程价格指数如表2-10所示。

表2-10 混凝土结构工程价格指数表

| 时间 | 2009年12月 | 2010年1月 | 2010年2月 | 2010年3月 | 2010年4月 | 2010年5月 | 2010年6月 | 2010年7月 | 2010年8月 | 2010年9月 |
|---|---|---|---|---|---|---|---|---|---|---|
| 混凝土结构工程价格指数/% | 100 | 115 | 105 | 110 | 115 | 110 | 110 | 120 | 110 | 110 |

施工期间,由于建设单位原因使工作H的开始时间比计划的开始时间推迟1个月,并由于工作H工程量的增加使该工作的工作持续时间延长了1个月。

## ？问题

1. 请按施工进度计划编制资金使用计划(即计算每月和累计拟完工程计划投资),并简要写出各步骤。计算结果填入表2-11(1)中。
2. 计算工作H各月的已完工程计划投资和已完工程实际投资。
3. 计算混凝土结构工程已完工程计划投资和已完工程实际投资,计算结构填入表2-11(1)中。
4. 列式计算8月末的投资偏差和进度偏差(用投资额表示)。

表2-11(1) 资金使用计划表    单位:万元

| 项目 | 投资数据 | | | | | | | | |
|---|---|---|---|---|---|---|---|---|---|
| | 1 | 2 | 3 | 4 | 5 | 6 | 7 | 8 | 9 |
| 每月拟完工程计划投资 | | | | | | | | | |
| 累计拟完工程计划投资 | | | | | | | | | |
| 每月已完工程计划投资 | | | | | | | | | |
| 累计已完工程计划投资 | | | | | | | | | |
| 每月已完工程实际投资 | | | | | | | | | |
| 累计已完工程实际投资 | | | | | | | | | |

## 答案

1. 将各工作计划工程量与单价相乘后,除以该工作持续时间,得到各工作每月拟完工程计划投资额;再将时标网络计划中各工作分别按月纵向汇总得到每月拟完工程计划投资额;然后逐月累加得到各月累计拟完工程计划投资额。

2. H 工作 6—9 月份每月完成工程量为:$5\,000 \div 4 = 1\,250$(m³/月)。

① H 工作 6—9 月已完工程计划投资均为:$1\,250 \times 1\,000 = 125$ 万元。

② H 工作已完工程实际投资。

6 月份:$125 \times 110\% = 137.5$(万元)

7 月份:$125 \times 120\% = 150.5$(万元)

8 月份:$125 \times 110\% = 137.5$(万元)

9 月份:$125 \times 110\% = 137.5$(万元)

3. 计算结果填入表 2-11(2)中。

表 2-11(2)　计算结果　　　　　　　　　单位:万元

| 项　目 | 投　资　数　据 | | | | | | | | |
|---|---|---|---|---|---|---|---|---|---|
| | 1 | 2 | 3 | 4 | 5 | 6 | 7 | 8 | 9 |
| 每月拟完工程计划投资 | 800 | 880 | 690 | 690 | 550 | 370 | 530 | 310 | |
| 累计拟完工程计划投资 | 880 | 1 760 | 2 450 | 3 140 | 3 690 | 4 060 | 4 590 | 4 900 | |
| 每月已完工程计划投资 | 880 | 880 | 660 | 660 | 410 | 355 | 515 | 415 | 125 |
| 累计已完工程计划投资 | 880 | 1 760 | 2 420 | 3 080 | 3 490 | 3 845 | 4 360 | 4 775 | 4 900 |
| 每月已完工程实际投资 | 1 012 | 924 | 726 | 759 | 451 | 390.5 | 618 | 456.5 | 137.5 |
| 累计已完工程实际投资 | 1 012 | 1 936 | 2 662 | 3 421 | 3 872 | 4 262.5 | 4 880.5 | 5 337 | 5 474.5 |

4. 投资偏差 = 已完工程实际投资 - 已完工程计划投资 = 5 337 - 4 775 = 562(万元),超支 562 万元;

进度偏差 = 拟完工程计划投资 - 已完工程计划投资 = 4 900 - 4 775 = 125(万元),超支 125 万元。

## 案例 7

### 背景

某实施监理的工程,业主采用平行发包模式分阶段发包施工工程。工程深基坑支护系统包括干挖围护桩、压顶梁、钢筋混凝土水平支撑、锚杆、钢围檩等。

该工程实施过程中发生了以下事件。

事件 1　施工招标阶段,业主通过邀请招标方式择优选择工程深基坑施工的承包单位。

甲施工单位参加投标,其投标报价明细如表2-12所示。

表2-12 甲施工单位工程投标报价表

| 序号 | 项目名称 | 单位 | 工程量 | 预算单价/元 | 优惠单价/元 | 优惠报价总价/万元 |
|---|---|---|---|---|---|---|
| 1 | 压顶梁 | m³ | 1 015.67 | 685.07 | 527.50 | 53.57 |
| 2 | 干挖围护桩 | m³ | 5 901.70 | 936.96 | 721.40 | 425.7 |
| 3 | 土方开挖 | m³ | 18 000.00 | 26.50 | 25.00 | 45.00 |
| 4 | 钢筋混凝土支撑 | m³ | 398.00 | 777.60 | 598.80 | 23.80 |
| 5 | 凿运桩头 | m³ | | | | |
| 6 | 施工降水 | m³ | | | | |
| ... | | | | | | |
| 8 | 设计费 | | 1% | | | 8.9 |
| 9 | 风险费 | | 3% | | | 26.8 |
| 10 | 监测费 | | | | | 40.0 |
| 11 | 包干费 | | | | | 50.0 |
| | 合计 | | | | | 1 180.0 |

通过评标,业主认可甲施工单位优惠后的报价,并以1 180万元的总价就工程深基坑土方开挖和支护系统施工内容一次包死。

**事件2** 甲施工单位的深基坑支护系统即将施工完毕,准备开挖基坑土方时,业主以加快工程进度为由,将18万方的土方任务以720万元的总价又发包给乙施工单位,合同价720万元中包括临时设施费8万元,凿运桩头费用为10万元,降水费为1.5元/m³。同时业主与甲施工单位办理了合同变更手续。

由于业主将土方开挖任务从甲施工单位的合同中拿走,甲施工单位向业主提出,要求按业主与乙施工单位签订的土方单价补偿甲施工单位在围护桩和压顶梁施工期间实际发生的土方费用。

**事件3** 在某月的工程结算时,乙施工单位提出的结算付款申请书中包括以下内容:
① 施工中由于施工需要增加了临时运输便道费5万元;
② 由于地质条件变化,修改设计增加工程量3万元;
③ 由于施工单位机械施工造成基底超挖增加工程量2万元;
④ 施工图纸中未标明的地下管线处理费用6万元。

**? 问题**

1. 事件1中,甲施工单位施工合同中压顶梁及围护桩的土方开挖工程量是多少?
2. 事件2中,甲施工单位的要求是否合理?请说明理由。
3. 事件2中,按乙施工单位的单价,监理工程师应如何核算围护桩和压顶梁的土方费用?

4. 事件 3 中,甲施工单位提出的结算项目,哪些可以结算?哪些不能结算?请分别说明理由。

### 答案

1. 甲施工单位施工合同中压顶梁及围护桩的土方开挖工程为:
$$1\ 015.67 + 5\ 901.7 = 6\ 917.37\ (m^3)$$

2. 甲施工单位的要求合理;甲施工单位在围护桩施工期间完成的土方任务,在业主与甲施工单位合同变更后,属于合同外的工作内容,且已经发生,业主应该给予甲施工单位补偿。

3. 事件 2 中,按乙施工单位的单价,围护桩和压顶梁的土方费用为:乙施工单位合同总价 640 万元,土方实际单价应扣除凿桩头及降水费用,即为
$$(7\ 200\ 000 - 80\ 000 - 100\ 000 - 1.5 \times 180\ 000) \div 180\ 000 = 33.5\ (元/m^3)$$
$$33.5 \times (1\ 015.67 + 5\ 901.7) = 23.17\ (万元)$$

4. 事件 3 中,乙施工单位提出的结算项目:
(1) 可以结算的有以下几项。
第②项;理由:由于修改设计增加工程量,属非乙施工单位责任,所发生的费用应予以支付。
第④项;理由:施工图纸中未标明的地下管线,属业主的责任,所发生的费用应予以支付。
(2) 不能结算的有以下几项。
第①项;理由:施工便道属临时工程,已列入临时设施费,不予以支付。
第③项;理由:属于乙施工单位施工不当,造成超挖或超填,不予以支付。

## 案例 8

### 背景

某快速干道工程,工程开、竣工时间分别为当年 4 月 1 日和 9 月 30 日。业主根据该工程的特点及项目构成情况,将工程分为 3 个标段。其中第Ⅰ标段造价为 4 150 万元,第Ⅰ标段中的预制构件由甲方提供(直接委托构件厂生产)。

该工程施工过程中发生了以下事件。

事件 1 A 监理公司承担了第Ⅰ标段的监理任务,委托监理合同中约定监理期限为 190 天,监理酬金为 60 万元。但实际上,由于非监理方原因导致监理时间延长了 25 天。经协商,业主同意支付由于时间延长而发生的附加工作报酬。

事件 2 为了做好该项目的投资控制工作,监理工程师明确了以下投资控制的措施:

(1) 编制资金使用计划，确定投资控制目标；
(2) 进行工程计量；
(3) 审核工程付款申请，签发付款证书；
(4) 审核施工单位编制的施工组织设计，对主要施工方案进行技术经济分析；
(5) 对施工单位报送的单位工程质量评定资料进行审核和现场检查，并予以签认；
(6) 审查施工单位现场项目管理机构的技术管理体系和质量保证体系。

事件3　第Ⅰ标段施工单位为C公司，业主与C公司在施工合同中约定：
(1) 开工前业主应向C公司支付合同价25%的预付款，预付款从第3个月开始等额扣还，4个月扣完；
(2) 业主根据C公司完成的工程量（经监理工程师签认后）按月支付工程款，保留金额为合同总额的5%，保留金按每月产值的10%扣除，直至扣完为止；
(3) 监理工程师签发的月付款凭证最低金额为300万元。
第Ⅰ标段各月完成产值见表2-13。

表2-13　第Ⅰ标段各月完成产值表　　　　　　　　单位：万元

| 产值单位 \ 月份 | 4 | 5 | 6 | 7 | 8 | 9 |
|---|---|---|---|---|---|---|
| C公司 | 480 | 685 | 560 | 430 | 620 | 580 |
| 构件厂 | | | 275 | 340 | 180 | |

**? 问题**

1. 事件1中，计算此附加工作报酬值（保留小数后2位）。
2. 事件2中，选出措施中哪些不是投资控制的措施。
3. 事件3中，支付给C公司的工程预付款是多少？监理工程师在第4、6、7、8月底分别给C公司实际签发的付款凭证金额是多少？

**答案**

1. 第Ⅰ标段监理合同报酬为60万元；
　附加工作报酬 = 25天 × 60万元/190天
　　　　　　　 = 7.90（或7.89）万元
2. 第（5）、（6）两项不是投资控制的措施。
3. 根据给定的条件，C公司所承担部分的合同额为4 150 - (275 + 340 + 180) = 3 355.00（万元）。
C公司应得到的工程预付款为3 355.00 × 25% = 838.75（万元）。
工程保留金为3 355.00 × 5% = 167.75（万元）。

监理工程师给 C 公司实际签发的付款凭证金额:
4 月底为 480.00 – 480.00 × 10% = 432.00（万元）；
4 月底实际签发的付款凭证金额为 432.00 万元；
5 月支付时应扣保留金为 685 × 10% = 68.50（万元）；
6 月底工程保留金应扣为 167.75 – 48.00 – 68.50 = 51.25（万元）。
所以应签发的付款凭证金额为 560 – 51.25 – 838.75/4 = 299.06（万元）。
由于 6 月底应签发的付款凭证金额低于合同规定的最低支付限额，故本月不支付。
7 月底为 430 – 838.75/4 = 220.31（万元）。
7 月监理工程师实际应签发的付款凭证金额为 299.06 + 220.31 = 519.37（万元）。
8 月底 620 – 838.75/4 = 410.31（万元）。
8 月底监理工程师实际应签发的付款凭证金额为 410.31 万元。

## 案例 9

### 背景

某综合楼工程项目合同价为 1 750 万元，该工程签订的合同为可调值合同。合同报价日期为 2009 年 3 月，合同工期为 12 个月，每季度结算一次。工程开工日期为 2009 年 4 月 1 日。施工单位 2009 年第四季度完成产值是 710 万元。工程人工费、材料费构成比例以及相关季度造价指数如表 2 – 14 所示。

表 2 – 14　造价指数表

| 项　目 | 人工费 | 材料费 | | | | | | 不可调值费用 |
| --- | --- | --- | --- | --- | --- | --- | --- | --- |
| | | 钢材 | 水泥 | 集料 | 砖 | 砂 | 木材 | |
| 比例/% | 28 | 18 | 13 | 7 | 9 | 4 | 6 | 15 |
| 2009 年第一季度造价指数 | 100.0 | 100.8 | 102.0 | 93.6 | 100.2 | 95.4 | 93.4 | |
| 2009 年第四季度造价指数 | 116.8 | 100.6 | 110.5 | 95.6 | 98.9 | 93.7 | 95.5 | |

在施工过程中，发生如下 4 项事件。

事件 1　2009 年 4 月，在基础开挖过程中，个别部位实际土质与给定地质资料不符，造成施工费用增加 2.5 万元，相应工序持续时用增加了 4 天。

事件 2　2009 年 5 月施工单位为了保证施工质量，扩大基础底面，开挖量增加导致费用增加 3.0 万元，相应工序持续时间增加了 3 天。

事件 3　2009 年 7 月份，在主体砌筑工程中，因施工图设计有误，实际工程量增加导致费用增加 3.8 万元，相应工序持续时间增加了 2 天。

事件 4　2009 年 8 月份，进入雨季施工，恰逢 20 年一遇的大雨，造成停工损失 2.5 万元，工期增加了 4 天。

以上事件中，除第 4 项外，其余工序均未发生在关键线路上，并对总工期无影响。针对上述事件，施工单位提出如下索赔要求：

(1) 增加合同工期 13 天；

(2) 增加费用 11.8 万元。

## ? 问题

1. 施工单位对施工过程中发生的事件可否索赔？为什么？

2. 计算监理工程师 2009 年第 4 季度应确定的工程结算款额。

3. 如果在工程保修期间发生了由施工单位原因引起的屋顶漏水、墙面剥落等问题，业主在多次催促施工单位修理而施工单位一再拖延的情况下，另请其他施工单位维修，所发生的维修费用该如何处理？

## 答案

1. 事件 1　费用索赔成立，工期不予延长。因为业主提供的地质资料与实际情况不符是承包商不可预见的。

事件 2　费用索赔不成立，工期索赔不成立，该工作属于承包商采取的质量保证措施。

事件 3　费用索赔成立，工期不予延长，因为设计方案有误。

事件 4　费用索赔不成立，工期可以延长，因为异常的气候条件的变化，承包商不应得到费用补偿。

2. 2009 年 4 季度监理工程师应批准的结算款额为：

$$P = 710 \times 0.15 + 0.28 \times 116.8/100.0 + 0.18 \times 100.6/100.8 + 0.13 \times 110.5/102.0 + 0.07 \times 95.6/93.6 + 0.09 \times 98.9/100.2 + 0.04 \times 93.7/95.4 + 0.06 \times 95.5/93.4)$$

$$= 710 \times 1.0582 \approx 751.75 \text{（万元）}$$

3. 所发生的维修费应从乙方保修金（或质量保证金、保留金）中扣除。

## 案例 10

### 背景

某工程，建设单位与施工单位按照《建设工程施工合同（示范文本）》签订了施工合同，合同工期为 9 个月，合同价 840 万元，各项工作均按最早时间安排且均匀速施工，经项目监理机构批准的施工进度计划如图 2-6 所示（时间单位：月），施工单位的报价单（部分）见表 2-15。施工合同中约定：预付款按合同价的 20% 支付，工程款付至合同价的 50% 时开始扣回预付款，3 个月内平均扣回；质量保修金为合同价的 5%，从第 1 个月开始，按月应付款的 10% 扣留，扣足为止。

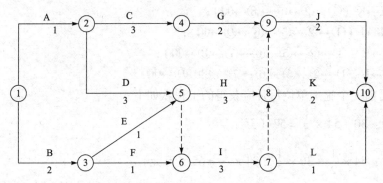

图 2-6 施工进度计划(时间单位:月)

表 2-15 施工单位报价单(部分)

| 工作 | A | B | C | D | E | F |
|---|---|---|---|---|---|---|
| 合价/万元 | 30 | 54 | 30 | 84 | 300 | 21 |

工程于 2010 年 4 月 1 日开工,施工过程中发生了如下事件。

**事件 1** 建设单位接到政府安全管理部门将于 7 月份对工程现场进行安全施工大检查的通知后,要求施工单位结合现场安全施工状况进行自查,对存在的问题进行整改。施工单位进行了自查整改,向项目监理机构递交了整改报告,同时要求建设单位支付为迎接检查进行整改所发生的 2.8 万元费用。

**事件 2** 现场浇筑的混凝土楼板出现多条裂缝,经有资质的检测单位检测分析,认定是商品混凝土质量问题。对此,施工单位认为混凝土厂家是建设单位推荐的,建设单位负有推荐不当的责任,应分担检测费用。

**事件 3** K 工作施工中,施工单位按设计文件建议的施工工艺难以施工,故向建设单位书面提出了工程变更的请求。

## 问题

1. 批准的施工进度计划中有几条关键线路?列出这些关键线路。
2. 开工后前 3 个月施工单位每月应获得的工程款为多少?
3. 工程预付款为多少?预付款从何时开始扣回?开工后前 3 个月总监理工程师每月应签证的工程款为多少?
4. 分别分析事件 1 和事件 2 中施工单位提出的要求是否合理?并说明理由。
5. 事件 3 中,施工单位提出工程变更的程序是否妥当?并说明理由。

## 答案

1. 关键线路共有 4 条,具体如下。

A→D→H→K（①→②→⑤→⑧→⑩）；
A→D→H→J（①→②→⑤→⑧→⑨→⑩）；
A→D→I→K（①→②→⑤→⑥→⑦→⑧→⑩）；
A→D→I→J（①→②→⑤→⑥→⑦→⑧→⑨→⑩）。

2. 开工后前 3 个施工单位每月应获得的工程款如下。

第 1 个月：$30 + 54 \times \frac{1}{2} = 57$（万元）

第 2 个月：$54 \times \frac{1}{2} + 30 \times \frac{1}{3} + 84 \times \frac{1}{3} = 65$（万元）

第 3 个月：$30 \times \frac{1}{3} + 84 \times \frac{1}{3} + 300 + 21 = 359$（万元）

3.（1）工程预付款为：840 万元 × 20% = 168 万元

（2）前 3 个月施工单位累计应获得的工程款为：57 + 65 + 359 = 481（万元） > 420（= 840 × 50%）（万元），因此，工程预付款应从第 3 个月开始扣回。

（3）开工后前 3 个月总监理工程师签证的工程款如下。

第 1 个月：57 - 57 × 10% = 51.3（万元）（或 57 × 90% = 51.3 万元）

第 2 个月：65 - 65 × 10% = 58.5（万元）（或 65 × 90% = 58.5 万元）

前 2 个月扣留保修金为 (57 + 65) × 10% = 12.2（万元）

应扣保修金总额为 840 × 5% = 42.0（万元）

由于 359 × 10% > (42.0 - 12.2)，因此第 3 个月应签证的工程款为：359 - (42.0 - 12.2) - 168/3 = 273.2（万元）。

4.（1）不合理，因为安全施工自检费用属于建筑安装工程费中的措施费用。

（2）不合理，因为商品混凝土供货单位与建设单位没有合同关系。

5. 不妥，因为提出工程变更应先报项目监理机构。

## 案例 11

### 背景

某实施监理的工程项目，业主与施工单位签订的建筑安装工程合同价款为 1 000 万元。该工程实施中发生了如下事件。

事件 1　工程于 2010 年 1 月开工，2010 年 3 月完成工程价款占合同价的 10%，根据合同约定，3 月底进度款结算时需对合同价款进行调值，有关数据如下：工程价款中固定要素占 15%，人工费占 45%，钢材占 12%，水泥占 12%，骨料占 6%，机具折旧占 3%，空心砖占 7%。有关的工资、材料物价指数如表 2 - 16 所示。

表2-16 工资、材料物价指数表

| 费用名称 | 代号 | 2010年1月 | 代号 | 2010年3月 |
|---|---|---|---|---|
| 人工费 | $A_0$ | 100 | A | 106 |
| 钢材 | $B_0$ | 153.4 | B | 177.6 |
| 水泥 | $C_0$ | 154.8 | C | 165.0 |
| 骨料 | $D_0$ | 132.6 | D | 159.0 |
| 机具折旧 | $E_0$ | 178.3 | E | 182.8 |
| 空心砖 | $F_0$ | 154.4 | F | 159.4 |

事件2　A分部工程施工前,专业监理工程师发现原施工设计的结构构建不符合节能要求,建议业主进行设计变更,业主采纳了监理工程师的建议。设计变更的A分部工程体积为1 000 m³,预算价值为30 000元,其中,人工费占20%,材料费占55%,机械使用费占13%,间接费占12%。已知换出结构构件价值为500元,换入结构构件价值为1 500元;工资修正系数$k_1 = 1.05$,材料费修正系数$k_2 = 1.07$,机械使用费修正系数$k_3 = 0.98$,间接费修正系数$k_4 = 0.99$。

事件3　施工进度计划(见图2-7,时间单位:周)执行到第6周,经专业监理工程师检查,A、B两项工作已完成,C工作还需1周可完成,D工作尚未开始(施工中未发生因业主或不可抗力原因引起的工作持续时间延长)。这时,施工单位按合同协议条款约定的时间,向专业监理工程师提出了已完工程报告,要求进行工程计量。

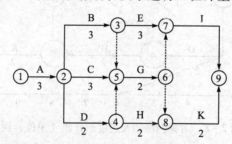

图2-7　工程施工网络进度计划

# 问题

1. 事件1中,3月底进度款结算时,调值后的合同价款是多少?
2. 事件2中,设计变更后A分部工程预算造价是多少?
3. 事件3中,工程实际进度与计划进度是否相符?不符时应采取什么措施?
4. 事件3中,对施工单位因拖期而赶工的工程量是否应予以计量?

# 答案

1. 该工程2010年3月底经调值后的合同价款为:

$$P = 1\,000 \times 0.1 \times \left(0.15 + 0.45 \times \frac{106}{100} + 0.12 \times \frac{177.6}{153.4} + 0.12 \times \frac{165}{154.8} + 0.06 \times \frac{159}{132.6} + \right.$$
$$\left. 0.03 \times \frac{182.8}{178.3} + 0.07 \times \frac{159.5}{154.4}\right) = 106.88\ 万元$$

2. 设计变更后 A 分部工程预算造价：由于换出结构构件价值为 500 元，换入结构构件价值为 1 500 元，结构不同，净增加造价 1 000 元。

总修正数 $k = 20\% \times 1.05 + 55\% \times 1.07 + 13\% \times 0.98 + 12\% \times 0.99 = 1.045$

修正后的 A 分部工程预算造价 $= 30\,000 \times 1.045 + 1\,000 \times (1 + 12\% \times 0.99) = 32\,468.8$（元）

3.（1）通过对该网络计划进行时间参数计算（或绘制时标网络图见图 2 - 8）知 A、B 工作"正常"，未影响工期，C 工作已完成两周的工作量，也不影响工期。专业监理工程师可按设计图纸和验收记录，予以计量，而工作 D 未按计划完成，且影响工期 1 周，专业监理工程师应要求施工单位提出改进措施。

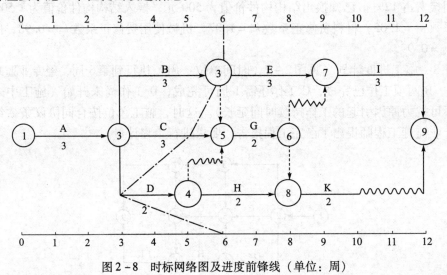

图 2 - 8　时标网络图及进度前锋线（单位：周）

（2）施工单位对该进度计划的调整：根据时标网络计划或时间参数计算结果，施工单位应考虑缩短工作 D、H、I 的作业持续时间，在 D、H、I 三项工作中，应首先选择因赶工所需增加费用最少的工作进行持续时间的缩短。

缩短工作持续时间的措施如下。

① 组织措施：增加工作面，组织更多的施工队，进行流水施工；增加施工时间，如采取两班制、三班制；增加劳动力、机械设备的投入量。

② 技术措施：改进施工工艺和施工技术，缩短技术间歇时间；采用更先进的施工方法和施工机械。

③ 经济措施：提高奖金数额；对采取的一系列技术组织措施给予相应的经济补偿。

④ 其他配套措施：保证资源供应；及时做好有关方面、有关单位的协调工作。

4. 对施工单位因拖期赶工的工程量应不予计量。

## 案例 12

### 背景

某实施监理的工程项目包含有 A、B 两个子项目，业主在工程施工发包过程发生了以下事件。

事件 1　业主将 A 子项目发包给了甲施工单位，A 子项目施工合同约定：工程的价款结算按单价合同实行按月结算，结算总额 $P=1\,000$ 万元（结算时不考虑扣留 5% 的工程尾款，施工中合同价款调整增加额到竣工时一次支付且不计利息）。其结算程序如下。

1. 预付备料款

根据工程施工合同条款规定，由发包单位在开工前拨给甲施工单位一定限额的预付备料款，构成 A 子项目施工储备主要材料、结构件所需的流动资金。

（1）预付备料款限额按下式计：

$$备料款限额 = \frac{全年施工产值 \times 主要材料比例}{年度施工日历天数} \times 材料储备天数$$

（2）备料款的扣回——从未施工工程尚需的主要材料及构件的价值相当于备料款额时起扣，从每次结算工程款中，按材料比重扣抵工程价款，竣工前全部扣清。

2. 中间结算

甲施工单位在旬末或月中向业主提出预支工程价款单，预支一旬或半月的工程款，月终再提出工程款结算和已完工程月报表，收取当月工程价款，并通过建设银行结算。

3. 竣工结算

甲施工单位在所承包的工程按照规定的内容全部完工、交工之后，向业主进行最终工程款结算。

已知 A 子项目的主要材料所占比重 $N=60\%$，工期为 1~4 月，材料储备天数为 63 天，每月实际完成工作量及施工过程合同价款调整增加额见表 2-17。

表 2-17　承包商实际完成工作量表

| 时间 | 1 月 | 2 月 | 3 月 | 4 月 | 施工中合同价款调整增加额 |
|---|---|---|---|---|---|
| 实际完成工作量/万元 | 200 | 250 | 350 | 200 | 100 |

事件 2　业主将 B 子项目发包给了乙施工单位，B 子项目施工合同约定如下。

（1）工程全部采用商品混凝土，业主确认混凝土按 25 元/m³ 调价计入直接费。

（2）B 子项目施工合同为单价合同，采取调价文件结算法进行结算。

（3）综合取费率标准如下：其他直接费为定额直接费的 2.8%，间接费为直接费的 32.4%，税金为预算造价的 3.413%。

(4) 钢筋定额、设计用量、预算单价和当月造价管理部门发布的材料单价见表 2-18。

表 2-18  钢筋定额、设计用量及预算单价表

| 材料名称 | 用量/t | | 单价/元 | |
|---|---|---|---|---|
| | 设计用量 | 定额用量 | 预算单价 | 当月发布价 |
| 钢筋 Φ10 以内 | 1.0 | 0.8 | 3 086 | 3 050 |
| 钢筋 Φ10 以上 | 2.2 | 1.6 | 3 035 | 3 030 |

(5) 采用的定额编号与定额单价见表 2-19。

表 2-19  采用的定额编号与定额单价如表

| 定额编号 | Z-2072 | Z-2102 | Z-2078 | F-3001 |
|---|---|---|---|---|
| 工作名称 | $C_{10}$砼基础垫层 | $C_{20}$有筋砼柱基 | $M_5$红砖带形基础 | 非预应力筋 |
| 定额单位 | 10 m³ | 10 m³ | 10 m³ | t |
| 定额单价/元 | 2 408 | 5 236 | 2 350 | 3 268 |

B 子项目施工过程中由于地质条件与原设计不符,通过设计变更加深了基础,经专业监理工程师审核认定,增加 $C_{10}$砼基础垫层 20 m³、$C_{20}$钢筋砼柱基 120 m³、砖基础 30 m³。

## ? 问题

1. 事件 1 中,业主给甲施工单位的预付备料款为多少?
2. 事件 1 中,计算对甲施工单位预付备料款的起扣点。
3. 事件 1 中,给甲施工单位每月结算工程款是多少?竣工结算工程款是多少?
4. 事件 2 中,确定乙施工单位在设计变更加深基础后的含税变更费用,填入表 2-20 中。

表 2-20  变更预算和变更费用计算表

| 定额编号 | 工程或费用名称 | 单位 | 工程量 | 单价 | 合价 |
|---|---|---|---|---|---|
| | | | | | |
| | | | | | |
| | | | | | |
| | | | | | |
| | | | | | |
| | | | | | |
| | | | | | |
| | | | | | |

## 答案

1. 预付备料款 $M = 1\,000 \times \dfrac{63\,\text{天}}{150\,\text{天}} \times 60\% = 250$（万元）。

2. 预留备料款起扣点 $T = P - M/N = 1\,000 - 250/0.6 = 583.3$（万元）。

3. （1）1 月应结算工程款为 200 万元。

（2）2 月应结算工程款为 250 万元，累计拨工程款为 450 万元。

（3）3 月完成工作量 350 万元，可分解为 $350 = (583.3 - 450) + 216.7 = 133.3 + 216.7$。

应结算工程款为：$133.3 + 216.7 \times (1 - 60\%) = 133.3 + 86.7 = 220$（万元）。

累计拨工程款为 670 万元。

（4）4 月应结算工程款为 $200 \times (1 - 60\%) = 80$（万元）。

累计拨工程款为 750 万元，加上预付款 250 万元，共拨 1 000 万元。

（5）竣工结算工程款 = 各月拨款总额 + 施工中合同价款调整 = $1\,000 + 100 = 1\,100$（万元）。

4. 乙施工单位在设计变更加深基础后的工程含税造价见表 2-21。

表 2-21 变更预算和变更费用计算表

| 定额编号 | 工程或费用名称 | 单位 | 工程量 | 单价/元 | 合价/元 |
| --- | --- | --- | --- | --- | --- |
| Z-2072 | $C_{10}$ 混凝土基础垫层 | 10 m³ | 2 | 2 658 | 5 316 |
| Z-2102 | $C_{20}$ 有筋混凝土柱基 | 10 m³ | 12 | 5 486 | 65 832 |
| Z2078 | $M_5$ 红砖带形基础 | 10 m³ | 3 | 2 350 | 7 050 |
| | 小计（一） | | | | 78 198 |
| | 其他直接费 | | | 78 198×2.8% | 2 189.54 |
| | 小计（二） | | | | 80 387.54 |
| | 间接费 | | | 80 387.54×32.4% | 26 045.56 |
| | 小计（三） | | | | 106 433.10 |
| | 税金 | | | 106 433.10×3.41% | 3 632.56 |
| | 合计 | | | | 110 065.66 |

## 案例 13

### 背景

某委托监理的建设工程，建设单位通过工程量清单招标与某施工单位按照《建设工程施工合同（示范文本）》签订了施工合同，合同价为 6 000 万元，合同工期为 30 个月。

合同中有关工程价款及支付的条款如下：

(1) 工程预付款为20%，自开工后第10个月起分10个月在每月月末结算支付时等额扣回；

(2) 保留金自第1个月起扣留，每月扣该月工程款的5%；

(3) 每一分项工程实际完成工程量超过计划工程量20%以上部分调整综合单价，调整系数为0.9；

(4) 规费费率为2%，以分部分项工程量计价的合价为基础计算；

(5) 计税系数为3.41%。

施工过程中发生了如下事件。

事件1 施工单位按照合同约定的开工日期7天前向监理工程师提交了延期10天开工的申请报告，原因是劳务分包单位的人员在约定的开工日期10天后才能进入施工现场。

事件2 土方工程施工过程中，因季节性大雨导致某部位边坡大面积坍塌，清理坍塌土方费用增加8万元，工期延误3天，施工单位及时向监理工程师提出了索赔要求。

事件3 第10个月，施工单位按计划完成的工程款为400万元，同时还完成了一项新增工程，经监理工程师确认的综合单价为300元/$m^2$、工程量为400 $m^2$。施工单位及时提出工程变更价款的支付申请。

事件4 第25个月末，施工单位向监理工程提交了该月已完工程的《工程款支付申请表》，表中工程款为380万元，监理工程师审核发现该月已完所有分项工程按原综合单价计算的工程款为380万元，但其中某分项工程因设计变更实际完成的工程量为800 $m^3$（原计划400 $m^3$，原综合单价500元/$m^3$）。

? 问题

1. 在事件1中，监理工程师是否应批准施工单位的延期开工申请？请说明原因。
2. 事件2中施工单位提出的索赔要求，监理工程师应如何处理？
3. 事件3中新增工程的工程款为多少万元？（保留两位小数）
4. 事件4中甲分项工程按原综合单价计算的该分项工程的工程款为多少万元？甲分项工程按合同条件规定的工程款为多少万元？（保留两位小数）
5. 第10个月末和第25个月末监理工程师签发的《工程款支付证书》中的应付工程款分别为多少万元？（保留两位小数）

答案

1. 不应批准。因劳务分包单位的人员不能按期进场是施工单位应承担的责任。
2. 不予批准，书面通知施工单位，因季节性大雨导致坍方增加的费用和延误的工期是施工单位应承担的风险（或是施工单位能够合理预见的）。
3. $400 \times 300 \times 1.02 \times 1.0341 \div 10000 = 12.66$（万元）
4. (1) 原综合单价计算的工程款为：

$(800 \times 500 \times 1.02 \times 1.0341)/10000 = 42.19$（万元）

(2) 按合同条件规定的工程款为:
$[400 \times 1.2 \times 500 + (800 - 400 \times 1.2) \times 500 \times 0.9] \times 1.02 \times 1.034\ 1/10\ 000 = 40.50$(万元)

5. (1) 第 10 个月末应付工程款为:
$$(400 + 12.66) \times 0.95 - 6\ 000 \times 20\% / 10 = 272.03\ (万元)$$

(2) 第 25 个月末应付工程款为:
$$(380 - 42.19 + 40.50) \times 0.95 = 359.39\ (万元)$$

## 案例 14

### 背景

某实施监理的工程,该工程实施过程中发生了以下事件。

事件 1　专业监理工程师根据建设单位提供的筹资方案和进度要求,编制了项目施工分月资金使用计划见表 2-22,并与建设单位财务主管协商确认,作为安排资金的依据。

表 2-22　项目施工分月资金使用计划表

| 月份 | 1 | 2 | 3 | 4 | 5 | 6 | 7 | 8 | 9 | 10 | 11 | 12 | 合计 |
|---|---|---|---|---|---|---|---|---|---|---|---|---|---|
| 资金计划/万元 | 100 | 0 | 120 | 130 | 110 | 120 | 110 | 100 | 90 | 80 | 20 | 20 | 1 000 |

事件 2　通过招标建设单位确定了施工单位,双方按《建设工程施工合同(示范文本)》签订的承包合同约定如下。

① 合同工期为 10 个月,2 月 1 日正式开工,当年 11 月 30 日竣工。

② 工程预付款为 100 万元,在约定的开工日期前一周内支付。在工程进度款结算累计达 50% 的次月起,分 4 个月平均扣回。

开工前施工单位提供了工程初始时标网络进度计划(见 图 2-9),报专业监理工程师审查确认。

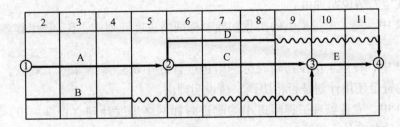

图 2-9　初始时标网络进度计划

事件 3　施工单位提供的工程初始时标网络进度计划中各项工作的工作量见表 2-23,且每月均按匀速完成。

表 2-23　各项工作的工作量表　　　　　　　　　　　　　　　单位：万元

| 工作名称 | A | B | C | D | E | 合计 |
|---|---|---|---|---|---|---|
| 预算价值 | 480 | 90 | 320 | 60 | 50 | 1 000 |

事件 4　专业监理工程师审查了施工单位提供的工程初始时标网络进度计划（见图 2-9）后，提出了改进的时标网络进度计划（见图 2-10）与施工单位协商。施工单位同意按改进的时标网络进度计划执行，但提出以下附加条件：按初始时标网络进度计划（图 2-9）结算的工程进度款现值（以开工时间为基准），与改进时标网络进度计划（图 2-10）结算的工程进度款之差，以相同的折现利率折算到竣工时间的金额，作为对施工单位控制进度风险的奖励（月利率按 3% 计）。

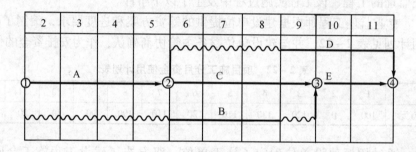

图 2-10　新时标网络进度计划

## ? 问题

1. 事件 1 中，根据专业监理工程师编制的资金使用计划表，各月资金在月初到位时，绘制资金使用累计曲线。

2. 事件 2 中，建设单位和施工单位约定的预付款支付时间是否符合建设工程施工合同示范文本的规定？请说明理由。

3. 事件 2 中，施工单位提供的工程初始时标网络进度计划中，B、D 工作各有几个月的总时差？

4. 事件 3 中，按施工单位初始时标网络进度计划中每月需结算的工程款，与专业监理工程师编制的资金使用计划是否相协调？请说明理由。

5. 事件 4 中，专业监理工程师提出的改进时标网络进度计划（图 2-10）方案对建设单位和施工单位各有什么风险？

6. 事件 4 中，施工单位提出附加条件专业监理工程师可否接受？请说明理由。如果接受施工单位的附加条件，对施工单位控制进度的风险奖励为多少万元（不考虑预付款扣除）？复利系数表见表 2-24。

表 2-24  复利系数表

| $n$ | 1 | 2 | 3 | 4 | 5 | 6 | 7 | 8 | 9 | 10 |
|---|---|---|---|---|---|---|---|---|---|---|
| $(F/P, 3\%, n)$ | 1.030 0 | 1.060 9 | 1.092 7 | 1.125 5 | 1.159 3 | 1.194 1 | 1.229 9 | 1.266 8 | 1.304 8 | 1.343 9 |
| $(P/F, 3\%, n)$ | 0.970 9 | 0.942 6 | 0.915 1 | 0.888 5 | 0.862 6 | 0.837 5 | 0.813 1 | 0.789 4 | 0.766 4 | 0.744 1 |

## 答案

1. 绘制的资金使用累计曲线如图 2-11 所示。

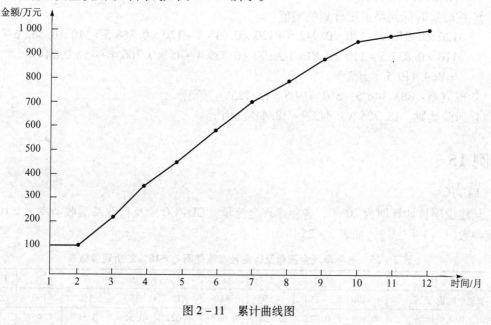

图 2-11  累计曲线图

2. 建设单位和施工单位约定的预付款支付时间不符合该规定，因为根据建设工程施工合同示范文本规定，预付时间应不迟于工程约定的开工日期前 7 天。

3. 施工单位提供的工程初始时标网络进度计划中，B 工作有 5 个月的总时差，D 工作有 3 个月的总时差。

4. 施工单位初始时标网络进度计划中每月需结算的工程款与专业监理工程师编制的资金使用计划不协调，因专业监理工程师编制的资金使用计划中每月安排的资金不能满足支付施工单位每月需结算的工程款。

5. （1）该进度计划中各项工作都是按最迟开始和最迟结束时间安排，对进度控制不利。

（2）降低了建设单位实现总工期目标的可能性，对按时竣工和投产可能带来风险。

（3）增加了施工单位不能按期完工的合同履约风险，甚至造成后期赶工，增加措施费成本等。

6. 专业监理工程师不能接受,理由是:改进时标网络进度计划(图 2-10)安排,各工作的所需时间没有改变,在无意外影响因素,按此执行不增加施工单位的成本。若有意外影响因素,不能保证工期目标,可按合同的相关条款索赔。

如果接受施工单位的附加条件,对施工单位控制进度的风险奖励如下。

① 按初始时标网络进度计划的现值:
$150 \times 0.9709 + 150 \times 0.9426 + 150 \times 0.9151 + 120 \times 0.8885 + 100 \times 0.8626 +$
$100 \times 0.8375 + 100 \times 0.8131 + 80 \times 0.7894 + 25 \times 0.7664 + 25 \times 0.7441$
$= 883.1445$(万元)

② 按改进时标网络进度计划的现值:
$120 \times 0.9709 + 120 \times 0.9426 + 120 \times 0.9151 + 120 \times 0.8885 + 110 \times 0.8626 +$
$110 \times 0.8375 + 110 \times 0.8131 + 100 \times 0.7894 + 45 \times 0.7664 + 45 \times 0.7441$
$= 869.4195$(万元)

③ 现值差:$883.1445 - 869.4195 = 13.725$(万元)

④ 风险奖励:$13.725 \times 1.3439 \approx 18.445$(万元)

## 案例 15

### 背景

某建设项目计算期为 20 年,各年净现金流量(CI-CO)及行业基准收益率 $i_c = 10\%$ 的折现参数 $[1/(1+i_c)^t]$,如表 2-25 所示。

表 2-25 各年净现金流量及行业基准收益率 $i_c = 10\%$ 的折现参数表

| 年 份 | 1 | 2 | 3 | 4 | 5 | 6 | 7 | 8 | 9~20 |
|---|---|---|---|---|---|---|---|---|---|
| 净现金流量/万元 | -180 | -250 | -150 | 84 | 112 | 150 | 150 | 150 | 12×150 |
| $i_c = 10\%$ 的折现 | 0.909 | 0.826 | 0.751 | 0.683 | 0.621 | 0.564 | 0.513 | 0.467 | 3.18 |

注:3.18 是第 9 年至第 20 年各年折现系数之和。

### 问题

试根据项目的财务净现值(FNPV)判断此项目是否可行,并计算项目的静态投资回收期 $P_t$。

### 答案

(1) 首先应计算该项目的财务净现值:

$$FNPV = \sum_{t=0}^{20} (CI - CO)_t \left[ \frac{1}{(1+i_c)^t} \right]$$

$= -180 \times 0.909 - 250 \times 0.826 - 150 \times 0.751 + 84 \times 0.683 + 112 \times 0.621 +$
$\quad 150 \times (0.564 + 0.513 + 0.467 + 3.18)$
$= 352.754$(万元)

如采用列表法计算，则列表 2-26 计算过程如下：

表 2-26  净现金流量折现值计算表

| 年 份 | 1 | 2 | 3 | 4 | 5 | 6 | 7 | 8 | 9～20 |
|---|---|---|---|---|---|---|---|---|---|
| 净现金流量/万元 | -180 | -250 | -150 | 84 | 112 | 150 | 150 | 150 | 12×150 |
| $i_c=10\%$ 的折现系数 | 0.909 | 0.826 | 0.751 | 0.683 | 0.621 | 0.564 | 0.513 | 0.467 | 3.18 |
| 净现金流量折现值/万元 | -163.62 | -206.5 | -112.65 | 57.372 | 69.552 | 84.60 | 79.95 | 70.05 | 477 |

FNPV = 各年净现金流量折现值之和 = 352.754（万元）

（2）判断项目是否可行：

因为 FNPV = 352.754（万元）> 0，所以按照行业基准收益率 $i_c=10\%$ 评价，该项目在财务上是可行的。

（3）计算该项目的静态投资回收期 $P_t$：

根据表 2-25 可列表 2-27。

表 2-27  累计净现金流量表

| 年 份 | 1 | 2 | 3 | 4 | 5 | 6 | 7 | 8 |
|---|---|---|---|---|---|---|---|---|
| (CI-CO) 万元 | -180 | -250 | -150 | 84 | 112 | 150 | 150 | 150 |
| Σ(CI-CO) 万元 | -180 | -430 | -580 | -496 | -384 | -234 | -84 | 66 |

据表 2-27，有

$$P_t = 8 - 1 + \frac{|-84|}{150} = 7.56 \text{（年）}$$

或用公式计算：

$$\sum_{t=1}^{P_t}(CI-CO)_t = 0$$

即：

$$(-180-250-150)+84+112+150X_t = 0$$

$X_t = 2.56$ 年

$P_t = 5 + X_t = 7.56$（年）

## 案例 16

### 背景

某建设项目估计建设期为 3 年，第一年固定资产投资 800 万元，第二年固定资产投资 2 400 万元，第三年投资 1 000 万元。投产第一年达到设计能力的 70%，第二年达到 90%，第三年达到 100%。正常年份的销售收入为 3 540 万元；正常年份的经营成本为 2 050 万元；

正常年份的销售税金为 260.0 万元;残值忽略不计,项目经营期为 10 年(不含建设期),流动资金总额为 700 万元,从投产年开始按生产能力分 3 次投入。基准收益为 12%,标准静态投资回收期为 9 年。

### 问题

1. 试给出该项目全部投资税前现金流量表。
2. 计算该项目所得税前的静态投资回收期。
3. 计算该项目所得税前的净现值指标。
4. 评价该项目是否可行。

### 答案

1. 全部税前现金流量如表 2-28 所示。

表 2-28 现金流量表(全部投资) 单位:万元

| 序号 | 年份\项目 | 建设期 | | | 投产期 | | 达到设计生产能力生产期 | | | | | | |
|---|---|---|---|---|---|---|---|---|---|---|---|---|---|
| | | 1 | 2 | 3 | 4 | 5 | 6 | 7 | 8 | 9 | 10 | 11 | 12 | 13 |
| | 生产负荷/% | | | | 70 | 90 | 100 | 100 | 100 | 100 | 100 | 100 | 100 | 100 |
| 1 | 现金流入 | | | | 2 478 | 3 186 | 3 540 | 3 540 | 3 540 | 3 540 | 3 540 | 3 540 | 3 540 | 3 540+700 |
| 1.1 | 销售收入 | | | | | | 3 540 | 3 540 | 3 540 | 3 540 | 3 540 | 3 540 | 3 540 | 3 540 |
| 1.2 | 回收流动资金 | | | | | | | | | | | | | 700 |
| 2 | 现金流出 | 800 | 2 400 | 1 000 | 2 107 | 2 219 | 2 380 | 2 310 | 2 310 | 2 310 | 2 310 | 2 310 | 2 310 | 2 310 |
| 2.1 | 固定资产投资 | 800 | 2 400 | 1 000 | | | | | | | | | | |
| 2.2 | 流动资金 | | | | 490 | 140 | 70 | | | | | | | |
| 2.3 | 经营成本 | | | | 1 435 | 1 845 | 2 050 | 2 050 | 2 050 | 2 050 | 2 050 | 2 050 | 2 050 | 2 050 |
| 2.4 | 销售税金 | | | | 182 | 234 | 260 | 260 | 260 | 260 | 260 | 260 | 260 | 260 |
| 3 | 净现金流量 | -800 | -2 400 | -1 000 | 371 | 967 | 1 160 | 1 230 | 1 230 | 1 230 | 1 230 | 1 230 | 1 230 | 1 230 |
| 4 | 累计净现金流量 | -800 | -3 200 | -4 200 | -3 829 | -2 862 | -1 702 | -472 | 758 | 1 988 | 3 218 | 4 448 | 5 678 | 7 708 |
| 5 | 折现系数 | 0.8929 | 0.7972 | 0.7118 | 0.6355 | 0.5674 | 0.5066 | 0.4523 | 0.4039 | 0.3606 | 0.3220 | 0.2875 | 0.2567 | 0.2292 |
| 6 | 净现值(各年) | -714.32 | -1 913.28 | -711 | 235.77 | 548.67 | 587.66 | 556.33 | 496.80 | 443.54 | 396.06 | 353.63 | 315.74 | 281.9 |
| 7 | 累计净现值 | | | | | | | | | | | | | 876.73 |

2. 计算该项目全部投资税前的静态投资回收期:

$$回收期 = 8 - 1 + \frac{1-4\ 721}{1\ 230} \approx 7.384\ (年)$$

3. 税前净现值为 1 060.076(万元)
4. 项目评价:
由于 NPV > 0,7.38 < 9 年,故该项目在财务上是可行的。

## 案例 17

M公司准备开发新式制图桌灯,聘请一家咨询公司进行产品市场预测。咨询公司研究后提出:新产品计划售价为40元/盏,各年预计销售量见表2-29;新产品上市会降低M公司目前已上市的标准桌灯的销售额,预计每年减少税前收入80 000元。M公司于建设期末支付咨询公司30 000元咨询费。

项目建设期为1年,经营期为5年。本项目将占用公司现有的一栋厂房,该厂房目前账面价值为零,但还可继续使用5年。如果不用于本项目,该厂房可以出租5年,每年可获租金10 000元。项目需新增设备投资200万元,其中40%为自有资金,60%为银行贷款(建设期末支付)。贷款年利率为8%,经营期前3年采用等额还本、利息照付的偿还方式在每年年末偿还。固定资产在经营期内采用直线折旧法计提折旧,残值为零。在项目经营期第5年末将设备转卖,估计其售价为10万元。

项目外购原材料费用预计为10元/盏,工资为5元/盏,外购燃料动力费为1元/盏,无须新增销售费用、管理费用等,营业税金及附加为新增营业收入的1%。M公司的所得税率为25% (以上价格均为不含增值税的价格)。

项目各年所需流动资金总额见表2-29。

表2-29 各年预计销售量及流动资金总额表

| 经营期年份 | 1 | 2 | 3 | 4 | 5 |
|---|---|---|---|---|---|
| 销售量/盏 | 45 000 | 40 000 | 30 000 | 20 000 | 20 000 |
| 流动资金总额/元 | 180 000 | 160 000 | 120 000 | 80 000 | 40 000 |

本项目的主要风险变量是产品价格和原材料价格,其概率分布和相应的项目财务净现值见表2-30。

表2-30 可能的事件及其对应的财务净现值

| 产品价格 | | 原材料价格 | | 净现值 |
|---|---|---|---|---|
| 变化状态 | 概率 | 变化状态 | 概率 | |
| +10% | 0.35 | +10% | 0.4 | 640 837 |
| | | 0 | 0.5 | 775 098 |
| | | -10% | 0.1 | 942 925 |
| 0 | 0.5 | +10% | 0.4 | 213 454 |
| | | 0 | 0.5 | 381 280 |
| | | -10% | 0.1 | 549 107 |

续表

| 产品价格 | | 原材料价格 | | 净现值 |
|---|---|---|---|---|
| 变化状态 | 概率 | 变化状态 | 概率 | |
| −10% | 0.15 | +10% | 0.4 | −180 364 |
| | | 0 | 0.5 | −12 537 |
| | | −10% | 0.1 | 323 115 |

### ❓ 问题

1. 计算项目的建设投资。
2. 计算项目经营期第5年的所得税前净现值流量。
3. 计算项目经营期第1年的偿债备付率,并据此判断项目当年的偿债能力。
4. 计算项目的净现金大于零的累计概率,并判断项目的抗风险能力。

### 答案

1. 项目的建设资金为：2 000 000 + 30 000 = 2 030 000（元）

2. 经营期第5年的销售收入 = 20 000 × 40 − 80 000 = 720 000（元）

经营期第5年的现金流入 = 销售收入 + 回收固定资产余值 + 回收流动资金 = 720 000 + 100 000 − 100 000 × 25% + 40 000 = 835 000（元）

经营期第5年的现金流出 = 厂房机会成本 + 流动资金 + 经营成本 + 营业税金及附加 = 10 000 − 10 000 × 25% + (−40 000) + 20 000 × (10 + 5 + 1) + 720 000 × 1% = 294 700（元）

经营期第5年所得税前的净现金流量 = 835 000 − 294 700 = 540 300（元）

3. 经营期第1年偿还本金 = 200 × 60% ÷ 3 = 40（万元）

经营期第1年支付利息 = 200 × 60% × 8% = 9.6（万元）

经营期第1年利润总额 = 销售收入 − 经营成本 − 营业税金及附加 − 折旧 − 利息 = (45 000 × 40 − 80 000) − 45 000 × 16 − (45 000 × 40 − 80 000) × 1% − 2 030 000/5 − 9.6 × 10 000 = 480 800（元）

经营期第1年所得税 = 480 800 × 25% = 120 200（元）

经营期第1年的偿债备付率 = [(45 000 × 40 − 80 000) − 45 000 × 16 − (45 000 × 40 − 80 000) × 1% − 120 200]/(400 000 + 96 000) = 1.74 > 1.3，表明项目经营第1年具有较强的偿债能力。

4.

表2−31 累计概率

| 净现值 | 概率 | 累计概率 |
|---|---|---|
| −180 364 | 0.5 × 0.4 = 0.06 | 0.06 |
| −12 537 | 0.15 × 0.5 = 0.075 | 0.135 |
| 213 454 | 0.5 × 0.4 = 0.2 | 0.335 |

净现值小于零的概率 = 0.135 + 0.2 × [12 537/(12 537 + 213 454)] = 0.146

净现值大于零的概率为 0.854，表明项目风险较小。

## 案例 18

### 背景

某新设法人建设项目计划建设期为 2 年，生产期为 10 年。经估算项目建安工程费用为 10 000 万元，按照进度计划两年的投资比例分别为 55%、45%。这两年的工程建设其他费用分别为 1 200 万元和 700 万元，且全部形成固定资产。基本预备费费率为 8%，预计建设期内年平均物价上涨指数为 5%。生产期第 1 年年初投入流动资金为 550 万元，该年年末投入流动资金估算为 800 万元，在寿命期末全部回收。

项目建设投资的 40% 和流动资金的 30% 由项目资本金支付，并根据建设进度按比例逐年到位。项目所需其余资金为银行长期借款，建设期各年发生的银行借款在年内均衡发生，且建设期不支付利息，自投产年开始在 5 年内等本偿还，利率为 6%。固定资产折旧年限为 10 年，按平均年限法计算折旧，残值不计。

项目投产第一年生产负荷为 60%，其他年份为 100%。正常生产年份的营业总收入为 130 00 万元（不含增值税销项税额），经营成本为 3 000 万元（不含增值税进项税额），其中原材料和燃料动力费为 2 500 万元。收入和成本均以不含增值税价格表示，营业税金及附加占销售收入的比例为 5%，项目适用的所得税税率为 25%。

在对本项目进行财务确定性分析后，还需要进行敏感性分析等。

### 问题

1. 估算项目建设投资额，并估算项目建设期利息。
2. 项目需要筹措的资本金总额为多少才能满足以上投资计划，如果项目资本金是由既有法人从内部筹措，可以考虑哪几个筹集途径？
3. 项目资本金现金流量表中计算期第 3 年的净现金流量是多少？
4. 请简述敏感性分析的步骤。

### 答案

1.（1）建设投资

基本预备费 = (10 000 + 1 200 + 700) × 8% = 952（万元）

涨价预备费 = 10 000 × 55% × 5% + 10 000 × 45% × ($1.05^2 - 1$) = 275 + 461.25 = 736.25（万元）

建设投资 = 工程费用 + 工程建设其他费用 + 预备费 = 10 000 + 952 + 736.25 = 11 688.25（万元）

（2）建设期利息

① 借款：
第 1 年借款为 $[(10\,000 \times 55\% + 1\,200) \times (1 + 8\%) + 275] \times 60\% = 4\,506.6$（万元）
第 2 年借款为 $[(10\,000 \times 45\% + 700) \times (1 + 8\%) + 461.25] \times 60\% = 3\,646.35$（万元）
② 建设期利息：
第 1 年利息为 $1/2 \times 4\,506.6 \times 6\% = 135.198$（万元）
第 2 年利息为 $(1/2 \times 3\,646.35 + 4\,506.6 + 135.198) \times 6\% = 387.90$（万元）
2. 资本金总额 $= 11\,688.25 \times 40\% + 800 \times 30\% = 4\,915.3$（万元）

资本金的筹措方式有：企业的现金、未来生产经营中获得的可用于项目的资金，企业资产变现，企业产权转让。

3. 第三年初借款本息累计 $= 4\,506.6 + 135.198 + 3\,646.35 + 387.90 = 8\,676.05$（万元）
第三年还本金 $= 8\,676.05/5 = 1\,735.21$（万元）
第 3 年应计利息：$8\,676.05 \times 6\% = 520.56$（万元）
第 3 年现金流入 $=$ 营业收入 $= 130\,00 \times 60\% = 7\,800$（万元）
第 3 年现金流出 $=$ 用于流动资金的资本金 $+$ 经营成本 $+$ 营业税金及附加 $+$ 借款还本付息 $+$ 所得税

其中所得税 $=$（营业收入 $-$ 营业税金及附加 $-$ 经营成本 $-$ 折旧 $-$ 利息）$\times 25\% = [7\,800 - 7\,800 \times 5\% - (3\,000 - 2\,500 + 2\,500 \times 60\%) - 11\,688.25/10 - 520.56] \times 25\% = 930.15$（万元）

第 3 年现金流出 $= (800 - 550) \times 30\% + (3\,000 - 2\,500 + 2\,500 \times 60\%) + 7\,800 \times 5\% + (1\,735.21 + 520.56) + 930.15 = 5\,650.92$（万元）

第 3 年净现金流量 $= 7\,800 - 5\,650.92 = 2\,149.08$（万元）

4. 步骤为：选取不确定因素，确定不确定因素的变化程度，选取分析指标，计算敏感性指标，敏感性分析结果表述。

## 案例 19

### 背 景

某娱乐城建设工程项目，业主与某监理公司签订了委托施工招标及施工阶段监理的委托监理合同。合同签订后，总监理工程师即着手组织有关人员准备招标事宜，编制招标文件。在编制工程量清单时，对某些问题以《建设工程工程量清单计价规范》（GB 50500—2003）为准统一了认识。

### 问 题

1. 何谓工程量清单？工程量清单中应包括哪几种清单？
2. 哪些项目必须执行《建设工程工程量清单计价规范》？
3. 在分部分项工程量清单表中应列哪几项内容？

4. 建设工程工程量清单计价活动应遵循的原则是什么？

5. 分部分项工程量清单计价表中应包括哪几项内容？

6. 建筑工程的分部分项工程综合单价由哪几部分组成？如何计算？请列出简明的计算式。

7. 若表2-32中的规费费率按0.5%计，税率按3.316%计，请计算该表中的规费、税金和该单位工程费为多少？

表2-32 工程名称：_____

| 序号 | 项目 | 金额/元 |
|---|---|---|
| 1 | 分部分项工程量清单计价合计 | 3 935 303.22 |
| 2 | 措施项目清单计价合计 | 150 334.87 |
| 3 | 其他项目清单计价合计 | 483 284.87 |
| 4 | 规费 |  |
| 5 | 税金 |  |
|  | 合计 |  |

## 答案

1. 所谓工程量清单是表现拟建工程的分部分项工程项目、措施项目和其他项目的名称和相应数量的明细清单。在工程量清单中包括分部分项工程项目清单、措施项目清单和其他项目清单。

2. 全部使用国有资金投资或国有资金投资为主的大中型建设工程项目应执行《建设工程工量清单计价规范》。

3. 在分部分项工程量清单表中应列有：序号、项目编号、项目名称、计量单位、工程数量等项内容。

4. 建设工程工程量清单计价活动应遵循客观、公正、公平的原则，并遵循《建设工程工程量清单计价规范》和符合国家有关法律、法规、标准及规范的规定。

5. 分部分项工程量清单计价表中应包括序号、项目编码、项目名称、计量单位、工程数量、金额（包括综合单价和合价）等内容。

6. 综合单价应为以下各项费用之和。

人工费 = 综合工日定额 × 综合工日单价

材料费 = 材料消耗定额 × 材料单价

机械使用费 = 机械台班 × 台班单价

管理费 = （人工费 + 材料费 + 机械使用费）× 管理费率

利润 = （人工费 + 材料费 + 机械使用费）× 利润率

7. 规费 = 分部分项工程量清单计价合计 × 规费费率

= 3 935 303.22 × 0.5%

= 19 676.52（元）

税金 =（分部分项工程量清单计价合计 + 措施项目清单计价合计 +
其他项目清单计价合计）× 税率

=（3 935 303.22 + 150 334.87 + 483 284.87）× 3.316%

= 4 568 922.96 × 3.316%

= 151 505.49（元）

单位工程费 = 4 568 922.96 + 19 676.52 + 151 505.49 = 4 740 104.97（元）

# 第3章 建设工程监理质量控制案例

## 案例 1

### 背景

某工程,业主委托某监理单位实施施工阶段的监理任务。通过工程招标,业主与甲施工单位签订了工程施工承包合同。

工程施工过程中发生了以下事件。

事件1 在基础混凝土施工过程中,专业监理工程师发现甲施工单位已经拆模的部分混凝土工程实体强度不足,随即召开专题会议分析讨论,会上专业监理工程师用因果分析图对影响工程质量的因素进行了分析,并提出相应的防范措施。

事件2 甲施工单位购买的一批钢材进场后,向专业监理工程师提交了工程材料报验单,并提交了出厂合格证,专业监理工程师对进场钢材合格凭证资料检查确认后,办理了签字确认,进行了见证取样。

事件3 在主体结构施工过程中,专业监理工程师发现有些部位施工不符合规范要求,出现工程质量缺陷。

事件4 专业监理工程师对甲施工单位在施工现场制作的水泥预制板进行质量检查,抽查了500块,发现其中存在以下问题,如表3-1所示。

表3-1 水泥预制板质量检查表

| 序号 | 存在问题项目 | 数量 |
| --- | --- | --- |
| 1 | 蜂窝麻面 | 23 |
| 2 | 局部露筋 | 10 |
| 3 | 强度不足 | 4 |
| 4 | 横向裂缝 | 2 |
| 5 | 纵向裂缝 | 1 |
| 合计 | | 40 |

事件5 在设备安装过程中,专业监理工程师发现施工单位未经监理人员认可购买了一批电缆,进厂的电缆表面标识不清、外观不良,缺乏产品合格证、检测证明等资料。

## ? 问题

1. 事件1中，专业监理工程师应如何用因果分析图法分析影响质量的因素？
2. 事件2中，专业监理工程师除了检查进厂钢材出厂合格证外，还应查验哪些凭证资料？
3. 针对事件3，专业监理工程师应如何处理？
4. 事件4中，专业监理工程师宜选择哪种统计分析方法来分析水泥预制板存在的质量问题？水泥预制板存在的主要质量问题是什么？
5. 针对事件4，专业监理工程师应对甲施工单位提出哪些改进要求？
6. 针对事件5，写出专业监理工程师处理电缆质量问题的工作程序。

## 答案

1. 专业监理工程师应先绘制因果分析图，其中包括以下内容。

（1）给出主干，在主干右端注明所要分析的质量问题——混凝土强度不足（应将主干用粗或空箭杆表达，箭头向右）。

（2）绘出大枝，应按人、机械、材料、工艺、环境五大因素绘制，要求五大因素必须全部标出，因素名称应标于箭尾，大枝可绘成无箭头的枝状，也可绘成箭状（有箭头），但其箭头应指向主干。

（3）绘出主要的中枝，即对大枝的因素进一步分析其主要原因（例如对人的因素中，可再分为有情绪、责任心差等）。答题时可重点分析其中重要的因素，若无特别说明，应尽可能将各大枝因素绘出中枝，并标明中枝的内容。用箭杆表示的中枝，箭头要指向大枝。

（4）绘出必要的小枝，即对某个中枝分析出的问题进一步分析其产生的原因（例如对中枝"有情绪"再分为分工不当、福利差等）。用箭杆表示的小枝，箭头要指向中枝。

（5）分析更深入的原因，完成因果分析图。

2. 专业监理工程师对进场的钢材还应检查质量保证书、技术合格证，出厂试验报告等。

3. 专业监理工程师对发现的工程质量缺陷应向施工单位下达监理工程师通知单，提出整改要求，并监督检查整改过程，对整改后的工程进行检查验收与办理签证。

4. （1）专业监理工程师宜选择排列图的方法进行分析。

（2）水泥预制板存在的主要质量问题。

① 数据计算（见表3-2）。

表3-2 数据计算表

| 序号 | 项目 | 数量 | 频数 | 频率/% |
| --- | --- | --- | --- | --- |
| 1 | 蜂窝麻面 | 23 | 23 | 57.5% |
| 2 | 局部露筋 | 10 | 33 | 82.5% |
| 3 | 强度不足 | 4 | 37 | 92.5% |

续表

| 序号 | 项目 | 数量 | 频数 | 频率/% |
|---|---|---|---|---|
| 4 | 横向裂缝 | 2 | 39 | 97.5% |
| 5 | 纵向裂缝 | 1 | 40 | 100% |
| 合计 | | 40 | | |

② 绘出排列图，如图3-1所示。

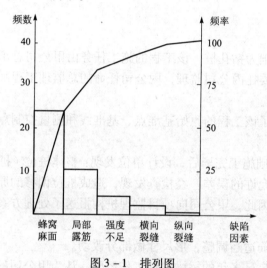

图3-1 排列图

③ 分析。

通过以上排列图的分析，主要的质量问题是水泥预制板的表面出现蜂窝麻面和局部露筋问题，次要因素是混凝土强度不足，一般因素是横向和纵向裂缝。

5. 专业监理工程师应要求施工单位分析产生质量问题的原因，提出具体的质量改进方案，制定具体的措施提交监理工程师审查，经监理工程师审查确认后，由施工单位实施改进。

6. （1）鉴于该批电缆表面标识不清、外观不良，难以判断电缆内在质量，因此专业监理工程师应以书面通知的方式，通知施工单位暂停电缆的使用，并将该通知抄送业主。

（2）以监理通知的形式，要求施工单位向监理单位提交该批电缆的产品合格证、技术性能检测报告、电缆生产许可证等有关证明材料。

（3）如上述第（2）条的要求均得到满足，则要求施工单位和监理人员共同取样，送有关检测中心进行技术指标检测。检测费由施工单位承担。

（4）如上述第（2）条不能得到满足，则书面要求施工单位退回该批电缆，由此引起的经济、法律问题由施工单位和供货方协商解决。

(5) 如经检测中心检测后证明产品技术指标均合格，则可通知施工单位可以恢复正常施工，并抄送业主备案。

(6) 如经检测中心检测后证明产品技术指标不合格，则书面通知施工单位将该批电缆清退出施工现场。总监理工程师签发监理通知，并报业主备案，由此引起的一切经济损失、工期延误的损失均应由施工单位承担。

## 案例 2

### 背景

某桥梁工程，其基础为钻孔桩。该工程的施工任务由甲公司总承包，其中桩基础施工分包给乙公司，建设单位委托丙公司监理，丙公司任命的总监理工程师具有多年桥梁设计工作经验。

施工前甲公司复核了该工程的原始基准点、基准线和测量控制点，并经专业监理工程师审核批准。

该桥 1 号桥墩桩基础施工完毕后，设计单位发现：整体桩位（桩的中心线）沿桥梁中线偏移，偏移量超出规范允许的误差。经检查发现，造成桩位偏移的原因是桩位施工图尺寸与总平面图尺寸不一致。因此，甲公司向项目监理机构报送了处理方案，要点如下：

（1）补桩；

（2）承台的结构钢筋适当调整，形尺寸做部分改动。

总监理工程师根据自己多年的桥梁设计工作经验，认为甲公司的处理方案可行，因此予以批准。乙公司随即提出索赔意向通知，并在补桩施工完成后第 5 天向项目管理机构提交了索赔报告：

（1）要求赔偿整改期间机械、人员的窝工损失；

（2）增加的补桩应予以计量、支付。

理由是：

（1）甲公司负责桩位测量放线，乙公司按给定的桩位负责施工，桩体没有质量问题。

（2）桩位施工放线成果已由现场监理工程师签认。

### 问题

1. 总监理工程师批准上述处理方案，在工作程序方面是否妥当？请说明理由，并简述监理工程师处理施工过程中工程质量问题工作程序的要点。

2. 专业监理工程师在桩位偏移这一质量问题中是否有责任？请说明理由。

3. 写出施工前专业监理工程师对 A 公司报送的施工测量成果检查、复核什么内容。

4. 乙公司提出的索赔要求，总监理工程师应如何处理？请说明理由。

## 答案

1. 工作程序不妥。理由：该项目总监理工程师批准处理方案时，既没有取得建设单位的同意，也没有取得设计单位的认可。

处理质量问题工作程序的要点：

① 发出质量问题通知单，责令承包单位报送质量问题调查报告；
② 审查质量问题处理方案；
③ 跟踪检查承包单位对已批准处理方案的实施情况；
④ 验收处理结果；
⑤ 建设单位提交有关质量问题的处理报告；
⑥ 完整的处理记录整理归档。

2. 测量专业监理工程师在这一质量问题上没有责任。理由是设计图纸标注有误，责任在设计单位。

3. 施工过程测量放线质量控制要点：实地查验放线精度是否符合规范及标准要求，施工轴线控制桩的位置、轴线和高程的控制标志是否牢靠、明显。经审核、查验合格，签认施工测量校验申请表。

4. 总监理工程师应不予受理。理由是分包单位与建设单位没有合同关系，总监理工程师应只受理总承包单位提出的索赔。

## 案例 3

### 背景

某施工单位承接的某工程主体结构混凝土强度等级为 $C_{30}$，专业监理工程师对其现场混凝土搅拌系统近期抽样统计结果，配制同一品种混凝土标准偏差为 $\sigma = 4.0$ MPa（配制 $C_{30}$ 混凝土标准偏差一般可取 $\sigma = 5.0$ MPa）。

该工程施工过程中发生了以下事件。

事件1 施工单位的混凝土施工配制强度根据《混凝土结构工程施工及验收规范》（GB 50204—2002），按 $f_{cu,0} = f_{cu,k} + 1.645\sigma$ 式配制。

事件2 施工单位按正确配制强度配制的混凝土用到主体工程结构后，第一批抽取了10组样本，其强度值如表3-3所示。

表3-3 混凝土试块强度表

| 组号 | 1 | 2 | 3 | 4 | 5 | 6 | 7 | 8 | 9 | 10 |
|---|---|---|---|---|---|---|---|---|---|---|
| 强度/Mpa | 36.8 | 37.4 | 33.4 | 40.3 | 35.4 | 38.1 | 39.1 | 32.4 | 25.5 | 38.6 |

由表3-3中数据计算的样本标准偏差 $S_{fcu} = 4.36$ MPa，样本平均值 $m_{fcu} = 35.7$ MPa，另

由规范知，$n = 10$ 时，合格判定系数 $\lambda_1 = 1.70$，$\lambda_2 = 0.90$。

按《混凝土结构工程施工及验收规范》，适用于现场拌制混凝土强度验收公式为：

$$m_{\text{fcu}} - \lambda_1 S_{\text{fcu}} \geq 0.9 f_{\text{cu,k}} \tag{3-1}$$

$$f_{\text{cu,min}} \geq \lambda_2 f_{\text{cu,k}} \tag{3-2}$$

### ? 问题

1. 事件 1 中，施工单位的混凝土施工配制强度应为多少 MPa？请说明理由。
2. 计算并评定事件 2 中该批混凝土强度质量是否合格，并说明理由。
3. 事件 2 中，从质量统计正态分布规律看，该现场混凝土搅拌系统生产状态是否正常？为什么？
4. 事件 2 中，该验收批混凝土质量若不合格，即表明该结构工程相关应取样的部位混凝土质量可能有问题，从监理工程师角度考虑：
   （1）是否立即下达停止该现场混凝土搅拌系统继续生产的监理工程师指令？为什么？
   （2）从技术角度应建议如何处理这一质量问题为宜？

### 答案

1.（1）施工单位的混凝土施工配制强度应为 35.28 MPa。

（2）因为该搅拌系统已有近期拌制同一品种混凝土的标准偏差 $\sigma = 4.0$ MPa，按规范规定可取此值计算。

2.（1）强度验算

式（3-1）：$m_{\text{fcu}} - \lambda_1 S_{\text{fcu}} = 35.7 - 1.70 \times 4.36 = 28.3 > 0.9 \times 30 = 27$ 满足要求。

式（3-2）：$f_{\text{cu,min}} = 25.5 < \lambda_2 f_{\text{cu,k}} = 0.9 \times 30 = 27$ 不满足要求。

（2）强度验收评定

按验收规定要求，式（3-1）和式（3-2）须同时满足，现在式（3-2）不能满足，即验收批中强度最小的一组达不到规范强度最小值限制条件要求，故此该批混凝土强度验收达不到规范要求，不合格。

3. 从质量统计正态分布规律看：

（1）样本平均值 $m_{\text{fcu}} = 35.7$ MPa，与混凝土配比设计的施工配制强度 $f_{\text{cu,0}} = 35.58$ MPa 十分接近，说明质量分布中心没有向不利方向偏移；

（2）样本偏差 $S = 4.36$ MPa，与该系统以往正常情况下抽样结果 $\sigma = 4.0$ MPa 也很接近，略大一点（还小于规范建议值 $\sigma = 5.0$ MPa），因此质量分布没有大的异常现象；

（3）由样本数据有  $m_{\text{fcu}} - 2S = 35.7 - 2 \times 4.36 = 27.0$ MPa

$m_{\text{fcu}} - 3S = 35.7 - 2 \times 4.36 = 22.7$ MPa

现样本最小一组 $f_{\text{cu,min}} = 25.5$ MPa，是在 $m_{\text{fcu}} \pm 3S$ 范围之内的，从质量统计分布规律看，属于正常情况，个别样本强度值小一些是偶然现象。

综上所述，可以认为该搅拌系统工序生产状态还是属于正常状态，个别样本超验收标准属偶然原因所致，应查明情况，具体问题具体处理，不能因此而判定工序生产异常。

4. （1）不能下达停止混凝土搅拌系统停工生产的监理工程师指令，因为从问题3分析已知该混凝土生产系统属于正常状态。另外，试块强度不合格的原因可以是多方面的，制作、养护、试压等都有可能引起异常，要综合分析。

（2）从技术角度可以提出以下建议：

① 试块不合格不等于结构混凝土不合格，应对从工程取样的结构部位进一步进行检测、鉴定；

② 结构部位强度实测首先考虑无损检测方法，如回弹法、超声法、回弹超声综合法，如还不能判明，应考虑半破损检查法，如结芯取样法、拨出试验法等。

③ 经进一步鉴定，如结构混凝土也达不到要求，则写出报告，视情况可拆除不合格部分或进行补强加固，加固后再进行质量验收。如结构混凝土强度合格，可不处理，但要写出相应不处理的报告，经设计、监理、业主、质监站认可后可不处理。

## 案例 4

### 背景

某实施监理的工程，业主根据《建设工程施工合同（示范文本）》与施工单位签订了工程承包合同。该工程为七层砖混结构住宅楼，横墙承重体系，条形基砖，人工开挖，埋深 1.2 m。

该工程实施过程中发生了以下事件。

事件1　工程开工前，施工单位给项目监理机构提交了施工质量保证措施、分包单位的资质证明和营业执照材料，专业监理工程师审查后，要求施工单位进一步提交质量证明材料。

事件2　在监理实施细则中，针对地形地质条件、工程组织管理模式、资金干扰等影响工程质量的因素，专业监理工程师制定了具体的质量控制措施，部分内容如下：

（1）审查施工单位施工组织设计，协助编制与完善专项施工方案；

（2）验收隐蔽工程，严格工序交接检验；

（3）重要的工程部位亲自进行试验或技术核定；

（4）审核设计变更和及时修改图纸；

（5）组织现场会议，分析通报工程质量情况。

事件3　工程施工到第三层时，房屋底层结构墙体两端发生向中部倾斜的多条微小砌体裂缝，总监理工程师及时下达了《工程暂停令》，并组织了专题讨论会议，与会专家对砌体裂缝产生的主要原因提出下列意见：

（1）施工技术和组砌方式不当；

（2）地基承载力不足引起不均匀沉降；
（3）上部结构与地面以下基础结构温差造成温差变形；
（4）砖砌体与混凝土楼面结构材质线胀系数不协调；
（5）材料质量不好、强度不足。

## ? 问题

1. 事件1中，施工单位还应进一步提交哪些质量证明材料？
2. 事件2中，在监理实施细则中，专业监理工程师还应该对哪些影响工程质量的因素制订控制措施？
3. 逐条分析事件2中专业监理工程师制定的质量控制措施是否妥当，并说明理由。
4. 事件3中，总监理工程师的做法是否正确？总监理工程师在什么情况下应该下达《工程暂停令》？根据与会专家对砌体裂缝产生的主要原因的分析结果，绘制出因果分析图。

## 答案

1. 施工单位还应进一步提交的质量证明材料包括：质量保证体系、质量管理体系、技术管理体系、施工组织设计、专项施工方案、分包单位分包范围和内容、分包单位的业绩、分包单位特种作业管理人员和作业人员的资格证、上岗证等。

2. 专业监理工程师在监理实施细则中，还应该对下列影响工程质量的因素制订控制措施：人员、工程材料、施工机具、施工技术方法、工程环境因素。

3. 专业监理工程师制定的质量控制措施如下。
（1）协助编制与完善专项施工方案不妥，因为监理工程师的职责是审核而不是协助编制。
（2）验收隐蔽工程，严格工序交接检验妥当，因为属于监理工程师应当履行的职责。
（3）重要的工程部位亲自进行试验或技术核定不妥，因为工程试验或技术核定是施工单位的职责。
（4）及时修改图纸不妥，因为工程变更后工程图纸修改应由设计单位完成。
（5）组织现场会议分析通报工程质量情况妥当，因为属于监理工程师应当履行的职责。

4. （1）事件3中总监理工程师的做法正确。
（2）总监理工程师在下列情况下应该下达《工程暂停令》：
① 建设单位要求暂停施工、且工程需要暂停施工；
② 为了保证工程质量而需要进行停工处理；
③ 施工出现了安全隐患，总监理工程师认为有必要停工，以消除隐患；
④ 发生了必须暂时停止施工的紧急事件；
⑤ 承包单位未经许可擅自施工，或拒绝项目监理机构管理。
（3）根据与会专家对砌体裂缝产生的主要原因的分析结果，绘制的因果分析图见图3－2。

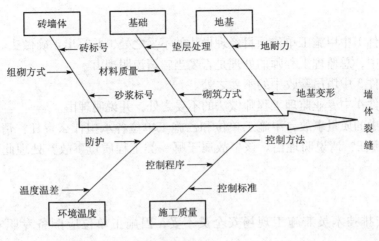

图 3-2 因果分析图

## 案例 5

### 背景

某工程，建设单位通过公开招标与甲施工单位签订了施工总承包合同，依据合同，甲施工单位通过招标将钢结构工程分包给乙施工单位。施工过程中发生了以下事件。

事件 1 甲施工单位项目经理安排技术员兼施工现场安全员，并安排其负责编制深基坑支护与降水工程专项施工方案，项目经理对该施工方案进行安全验算后，即组织现场施工，并将施工方案及验算结果报送项目监理机构。

事件 2 乙施工单位采购的特殊规格钢板，因供应商未能提供出厂合格证明，乙施工单位按规定要求进行了检验，检验合格后向项目监理机构报验。为不影响工程进度，总监理工程师要求甲施工单位在监理人员的见证下取样复检，复验结果合格后，同意该批钢板进场使用。

事件 3 为满足钢结构吊装施工的需要，甲施工单位向设备租赁公司租用了一台大型起重塔吊，委托一家有相应资质的安装单位进行塔吊安装。安装完成后，由甲、乙施工单位对该塔吊共同进行验收，验收合格后投入使用，并到有关部门办理了登记。

事件 4 钢结构工程施工中，专业监理工程师在现场发现乙施工单位使用的高强螺栓未经报验，存在严重的质量隐患，即向乙施工单位签发了《工程暂停令》，并报告了总监理工程师。甲施工单位得知后也要求乙施工单位立刻停工整改。乙施工单位为赶工期，边施工边报验，项目监理机构及时报告了有关主管部门。报告发出的当天，发生了因高强螺栓不符合质量标准导致的钢梁高空坠落事故，造成一人重伤，直接经济损失达 4.6 万元。

## ❓问题

1. 指出事件1中甲施工单位项目经理做法的不妥之处，并写出正确做法。
2. 事件2中，总监理工程师的处理是否妥当？请说明理由。
3. 指出事件3中塔吊验收中的不妥之处。
4. 指出事件4中专业监理工程师做法的不妥之处，并说明理由。
5. 事件4中的质量事故，甲施工单位和乙施工单位各承担什么责任？请说明理由。监理单位是否有责任？请说明理由。该事故属于哪一类工程质量事故？处理此事故的依据是什么？

## 答案

1. （1）安排技术员兼施工现场安全员不妥，因施工单位应配备专职安全生产管理人员。

（2）对该施工方案进行安全验算后即组织现场施工不妥。该施工方案安全验算合格后应组织专家进行论证、审查，并经施工单位技术负责人签字，报总监理工程师签字后才能安排现场施工。

2. 事件2中总监理工程师的处理不妥，因没有出厂合格证明的原材料不得进场使用。

3. 只有甲、乙施工单位对该塔吊共同进行验收，出租单位和安装单位未参加不妥。

4. 向乙施工单位签发《工程暂停令》不妥，因《工程暂停令》应由总监理工程师向甲施工单位签发。

5. （1）甲施工单位承担连带责任，因甲施工单位是总承包单位。

乙施工单位承担主要责任，因质量事故是由于乙施工单位自身原因造成的（是由于乙施工单位不服从总包单位管理造成的）。

（2）监理单位没有责任，因项目监理机构已履行了监理职责（已及时向有关主管部门报告）。

（3）事故属于严重质量事故。

处理依据：质量事故的实况资料；有关合同文件；有关的技术文件和档案；相关的建设法规。

## 案例6

### 背景

某建设单位投资新建一幢钢筋混凝土框架结构的办公楼，委托某监理公司承担施工阶段的监理任务。建设单位通过招标选择某市第六建筑工程公司承担该工程施工任务。

该工程实施过程中发生了以下事件。

事件1 结构施工到第二层时，专业监理工程师巡检发现，刚拆模后的部分钢筋混凝土柱存在严重的蜂窝、麻面、孔洞和露筋现象，现场有工人正在用水泥砂浆对蜂窝、麻面、孔洞进行封堵。

事件2 经现场调查和试验发现，事件1中部分钢筋混凝土柱的质量问题产生的原因是混凝土浇筑时严重漏振。在发现有质量问题的10根柱子中，有6根整根柱子存在严重的蜂窝、麻面和露筋，有4根柱子虽表面蜂窝、麻面较轻，但砼标号达不到设计要求，经设计单位鉴定，能满足结构安全及使用功能要求，可不加固补强。现场分析会提出了三种处理方案：① 6根柱子加固补强，但补强后柱子尺寸有所增大，4根柱子不加固补强；② 10根柱子全部砸掉重新施工；③ 10根柱子全部进行加固补强，但补强后柱子尺寸有所增大。但建设单位强调不能改变项目的原有功能。

事件3 工程进入装饰装修阶段后，建设单位的材料设备部与某塑钢窗厂签订了该工程共计800平方米的塑钢窗供销合同，合同中要求该塑钢窗厂负责塑钢窗的安装施工。塑钢窗厂在塑钢窗安装过程中没有按塑钢窗规程安装工艺，市第六建筑工程公司因建设单位单方面将承包合同中800平方米的塑钢窗采购和安装任务又承包给了塑钢窗厂，所以对塑钢窗厂的塑钢窗安装过程不予管理，结果窗框与墙体洞口没做缝隙密封处理。市第六建筑工程公司在明知该塑钢窗框没做嵌缝密封的情况下，为了抢工期进行了抹灰、贴面砖施工，留下了质量隐患。该楼在验收前梅雨期间发现60%塑钢窗樘严重渗水。该质量事故发生后，建设单位负责人找到项目监理机构要求进行事故分析和处理，并追查责任。

事件4 针对事件3，项目监理机构组织召开了质量事故专题会议，与会各方提出以下观点。

① 该办公楼大面积樘窗渗水事故的基本原因是：建设单位管理系统形成多中心决策，管理混乱，互不通气；塑钢窗的施工单位未按有关的工艺规程要求施工，窗框与墙洞没做嵌缝密封处理；市第六建筑工程公司为了抢工期，明知窗洞没做嵌缝处理就进行面层施工隐蔽，以致留下了质量隐患；监理单位有失职行为，未按监理程序和有关规定进行监控。

② 根据该楼塑钢窗渗水事故的原因分析，建设单位、施工单位和塑钢窗安装单位、监理单位各方都有责任，但是建设单位应负主要责任。

③ 建设单位所属各职能业务部门选定的塑钢窗供应安装单位进驻该楼施工，必须经过项目监理机构同意，但建设单位没有通知监理单位塑钢窗厂家进场施工，故此事故监理单位无责任。

④ 项目监理机构对进驻该办公楼施工的单位，应查看他们与建设单位签订的施工合同中所承包的项目以及是否明确监理单位职责等内容，以防项目重叠。

⑤ 应由建设单位出面协调和理顺各单位之间的工作关系，以免造成现场管理混乱，各行其是。

⑥ 该楼塑钢窗施工是属于被委托监理工程范围之内，发现施工质量有问题时，项目监理机构有权下停工令，让施工单位进行停工整改。

⑦ 该塑钢窗厂安装施工队也是经建设单位职能业务部门选定的施工单位，它不属于

"擅自让未经同意的分包单位进场作业者",因此监理单位无权指令该施工单位停工整改。

⑧ 如果该施工单位对项目监理机构指令置之不理或未采取有效改正措施而继续施工时,项目监理机构应以书面形式发布停工令。

⑨ 专业监理工程师应及时向总监理工程师报告,由总监理工程师向建设单位建议撤换不合格的施工单位或有关人员。

## ❓ 问题

1. 事件1中,专业监理工程师发现钢筋混凝土柱存在质量问题后应如何处理?
2. 事件2中,为了满足建设单位强调的不能改变项目原有功能的要求,处理柱子质量问题时,应采用现场分析会上提出的哪种处理方案?并说明理由。
3. 事件1中的质量事故技术处理方案应由谁提出?
4. 针对事件3,写出项目监理机构对该质量事故的处理程序。
5. 事件4中,质量事故专题会议上与会各方提出的观点是否正确?

## 📌 答案

1. 专业监理工程师发现钢筋混凝土柱存在质量问题后,应按下列程序处理:

① 报告总监理工程师,总监理工程师发出停工指令,立即停止钢筋混凝土柱工程的施工;

② 及时通知建设单位;

③ 组织质量问题的调查分析,研究制定纠正措施。

2. (1) 应采用第②种方案;(2) 因只有采用第②方案不改变柱子的原有尺寸,才不会改变项目原有功能。

3. 质量事故技术处理方案应由设计单位提出。

4. 项目监理机构对该质量事故的处理程序:

① 发停工令;

② 组织事故调查分析;

③ 研究并提出事故处理方案;

④ 审批事故处理方案;

⑤ 施工单位组织实施,监理单位督促其实施;

⑥ 施工单位自检,提出验收申请报告;

⑦ 监理对事故处理结果检查验收;

⑧ 提出事故处理报告;

⑨ 签发复工令。

5. (1) 质量事故专题会议上与会各方提出的观点正确的如下。

① 该办公楼大面积檐窗渗水事故的基本原因是:建设单位管理系统形成多中心决策,管理混乱,互不通气;塑钢窗的施工单位未按有关的工艺规程要求施工,窗框与墙洞没做嵌

缝密封处理；市第六建筑工程公司为了抢工期，明知窗洞没做嵌缝处理就进行面层施工隐蔽，以致留下了质量隐患；监理单位有失职行为，未按监理程序和有关规定进行监控。

④ 项目监理机构对进驻该办公楼施工的单位，应查看他们与建设单位签订的施工合同中所承包的项目以及是否明确监理单位职责等内容，以防项目重叠。

⑥ 该楼塑钢窗施工是属于被委托监理工程范围之内，发现施工质量有问题时，项目监理机构有权下停工令，让施工单位进行停工整改。

⑧ 如果该施工单位对项目监理机构指令置之不理或未采取有效改正措施，而继续施工时，项目监理机构应以书面形式发布停工令。

⑨ 专业监理工程师应及时向总监理工程师报告，由总监理工程师向建设单位建议撤换不合格的施工单位或有关人员。

(2) 质量事故专题会议上与会各方提出的观点不正确的是：

② 根据该楼塑钢窗渗水事故的原因分析，建设单位、施工单位和塑钢窗安装单位、监理单位各方都有责任，但是建设单位应负主要责任；

③ 建设单位所属各职能业务部门选定的塑钢窗供应安装单位进驻该楼施工，必须经过项目监理机构同意，但建设单位没有通知监理单位塑钢窗厂家进场施工，故此事故监理单位无责任；

⑤ 应由建设单位出面协调和理顺各单位之间的工作关系，以免造成现场管理混乱，各行其是；

⑦ 该塑钢窗厂安装施工队也是经建设单位职能业务部门选定的施工单位，它不属于"擅自让未经同意的分包单位进场作业者"，因此监理单位无权指令该施工单位停工整改。

## 案例 7

### ◀ 背景

监理单位承担了某工程的施工阶段监理任务，该工程由甲施工单位总承包。甲施工单位选择了经建设单位同意并经监理单位进行资质审查合格的乙施工单位作为分包。施工过程中发生了以下事件。

事件1 专业监理工程师在熟悉图纸时发现，基础工程部分设计内容不符合国家有关工程质量标准和规范。总监理工程师随即致函设计单位要求改正并提出更改建议方案。设计单位研究后，口头同意了总监理工程师的更改方案，总监理工程师随即将更改的内容写成监理指令通知甲施工单位执行。

事件2 施工过程中，专业监理工程师发现乙施工单位施工的分包工程部分存在质量隐患，为此，总监理工程师同时向甲、乙两施工单位发出了整改通知。甲施工单位回函称：乙施工单位施工的工程是经建设单位同意进行分包的，所以本单位不承担该部分工程的质量责任。

事件3 专业监理工程师在巡视时发现，甲施工单位在施工中使用未经报验的建筑材料，若继续施工，该部位将被隐蔽。因此，立即向甲施工单位下达了暂停施工的指令（因甲施工单位的工作对乙施工单位有影响，乙施工单位也被迫停工）。同时，指示甲施工单位将该材料进行检验，并报告了总监理工程师。总监理工程师对该工序停工予以确认，并在合同约定的时间内报告了建设单位。检验报告出来后，证实材料合格，可以使用，总监理工程师随即指令施工单位恢复了正常施工。

事件4 乙施工单位就上述停工自身遭受的损失向甲施工单位提出补偿要求，而甲施工单位称：此次停工系执行监理工程师的指令，乙施工单位应向建设单位提出索赔。

事件5 对上述施工单位的索赔建设单位称：本次停工系监理工程师失职造成，且事先未征得建设单位同意。因此，建设单位不承担任何责任，由于停工造成施工单位的损失应由监理单位承担。

## ❓ 问题

1. 事件1中，请指出总监理工程师上述行为的不妥之处，并说明理由。总监理工程师应如何正确处理？

2. 事件2中，甲施工单位的答复是否妥当？为什么？总监理工程师签发的整改通知是否妥当？为什么？

3. 事件3中，专业监理工程师是否有权签发本次暂停令？为什么？下达工程暂停令的程序有无不妥之处？请说明理由。

4. 事件4中，甲施工单位的说法是否正确？为什么？乙施工单位的损失应由谁承担？

5. 事件5中，建设单位的说法是否正确？为什么？

## 🏗 答案

1. 总监理工程师不应直接致函设计单位，因其无权进行设计变更。
总监理工程师发现问题应向建设单位报告，由建设单位向设计单位提出变更要求。

2. 甲施工单位的答复不妥。因为分包单位的任何违约行为导致工程损害或给建设单位造成的损失，总承包单位承担连带责任。
总监理工程师签发的整改通知不妥。整改通知应签发给甲施工单位，因乙施工单位和建设单位没有合同关系。

3. 专业监理工程师无权签发暂停令，因这是总监理工程师的权力。
下达工程暂停令的程序有不妥之处，需工程暂停的专业监理工程师应报告总监理工程师，由总监理工程师签发工程暂停令。

4. 甲施工单位的说法不正确。乙施工单位与建设单位没有合同关系（或甲、乙施工单位有合同关系），乙施工单位的损失应由甲施工单位承担。

5. 建设单位的说法不正确。因监理工程师是在合同授权内履行职责，施工单位所受的损失不应由监理单位承担。

## 案例 8

### 背景

某工程项目，建设单位与施工总承包单位按《建设工程施工合同（示范文本）》签订了施工承包合同，并委托某监理公司承担施工阶段的监理任务。施工总承包单位将桩基工程分包给一家专业施工单位。

该工程实施过程中发生了以下事件。

事件1　总监理工程师组织监理人员熟悉设计文件时发现部分图纸设计不当，即通过计算修改了该部分图纸，并直接签发给施工总承包单位。

事件2　在工程定位放线期间，总监理工程师指派测量监理员复核施工总承包单位报送的原始基准点、基准线和测量控制点。

事件3　总监理工程师审查了分包单位直接报送的资格报审表等相关资料。

事件4　在合同约定开工日期的前5天，施工总承包单位书面提交了延期10天开工申请，总监理工程师不予批准。

事件5　钢筋混凝土施工过程中监理人员发现：① 按合同约定由建设单位负责采购的一批钢筋虽供货方提供了质量合格证，但在使用前的抽检试验中材质检验不合格；② 在钢筋绑扎完毕后，施工总承包单位未通知监理人员检查就准备浇筑混凝土；③ 该部位施工完毕后，混凝土浇筑时留置的混凝土试块试验结果没有达到设计要求的强度。

事件6　竣工验收时，总承包单位完成了自查、自评工作，填写了工程竣工报验单，并将全部竣工资料报送项目监理机构，申请竣工验收。总监理工程师认为施工过程中均按要求进行了验收，即签署了竣工报验单，并向建设单位提交了质量评估报告。建设单位收到监理单位提交的质量评估报告后，即将该工程正式投入使用。

### 问题

1. 总监理工程师对事件1～事件4的处理是否妥当？并说明理由。如果有不妥当之处，请写出正确做法。
2. 对事件5中出现的问题，监理人员应分别如何处理？
3. 事件6中，总监理工程师在执行验收程序方面存在不妥之处，请写出正确做法。
4. 事件6中，建设单位收到监理单位提交的质量评估报告，即将该工程正式投入使用的做法是否正确？请说明理由。

### 答案

1. （1）修改该部分图纸即签发给施工总包单位不妥，因其无权修改图纸。

对图纸中存在的问题应通过建设单位向设计单位提出书面意见和建议。

（2）指派测量监理员进行复核不妥，因测量复核不属于测量监理员的工作职责，应指派专业监理工程师进行。

（3）审查分包单位直接报送的资格报审表等相关资料不妥，应对施工总承包单位报送的分包单位资质情况审查、签认。

（4）正确。施工总承包单位应在开工前7日提出延期开工申请。

2.（1）指令承包单位停止使用该批钢筋；如该批钢筋可降级使用，应与建设、设计、总承包单位共同确定处理方案；如不能用于工程即指令退场。

（2）指令施工单位不得进行混凝土的浇筑；要求施工单位报验，收到施工单位报验单后按验收标准检查验收。

（3）指令停止相关部位继续施工；请具有资质的法定检测单位进行该部分混凝土结构的检测；如果能够达到设计要求，予以验收；否则要求返修或加固处理。

3.（1）不妥之处：未组织竣工预验收（初验）。

（2）收到工程竣工申请后，应组织专业监理工程师对竣工资料及各专业工程的质量情况全面检查，对检查出的问题，应督促承包单位及时整改，对竣工资料和工程实体验收合格后，签署工程竣工报验单，并向建设单位提交质量评估报告。

4.（1）不正确。

（2）建设单位在收到工程验收报告后，应组织设计、施工、监理等单位进行工程验收；验收合格后方可使用。

## 案例 9

### 背景

某城市建设项目，建设单位委托监理单位承担施工阶段的监理任务，并通过公开招标选定甲施工单位作为施工总承包单位。工程实施中发生了下列事件。

事件1　桩基工程开始后，专业监理工程师发现，甲施工单位未经建设单位同意将桩基工程分包给乙施工单位，为此，项目监理机构要求暂停桩基施工。征得建设单位同意分包后，甲施工单位将乙施工单位的相关材料报项目监理机构审查，经审查乙施工单位的资质条件符合要求，可进行桩基施工。

事件2　桩基施工过程中，出现断桩事故。经调查分析，此次断桩事故是因为乙施工单位抢进度，擅自改变施工方案引起。对此，原设计单位提供的事故处理方案为：断桩清除，原位重新施工。乙施工单位按处理方案实施。

事件3　为进一步加强施工过程质量控制，总监理工程师代表指派专业监理工程师对原监理实施细则中的质量控制措施进行修改，修改后的监理实施细则经总监理工程师代表审查批准后实施。

事件4　工程进入竣工验收阶段，建设单位发文要求监理单位和甲施工单位各自邀请城建档案管理部门进行工程档案的验收并直接办理档案移交事宜，同时要求监理单位对施工单

位的工程档案质量进行检查。甲施工单位收到建设单位发文后将该文转发给乙施工单位。

事件 5　项目监理机构在检查甲施工单位的工程档案时发现,缺少乙施工单位的工程档案,甲施工单位的解释是:按建设单位要求,乙施工单位自行办理工程档案的验收及移交;在检查乙施工单位的工程档案时发现,缺少断桩处理的相关资料,乙施工单位的解释是:断桩清除后原位重新施工,不需列入这部分资料。

## ❓ 问题

1. 事件 1 中,项目监理机构对乙施工单位资质审查的程序和内容是什么?
2. 项目监理机构应如何处理事件 2 中的断桩事故?
3. 事件 3 中,总监理工程师代表的做法是否正确?请说明理由。
4. 指出事件 4 中建设单位做法的不妥之处,并写出正确做法。
5. 分别说明事件 5 中甲施工单位和乙施工单位的解释有何不妥?对甲施工单位和乙施工单位工程档案中存在的问题,项目监理机构应如何处理?

## 📝 答案

1. (1) 审查甲施工单位报送的分包单位资格报审表和乙施工单位有关资料,符合有关规定后,由总监理工程师予以签认。

(2) 对乙施工单位资格审核以下内容:

① 营业执照、企业资质等级证书;

② 公司业绩;

③ 乙施工单位承担的桩基工程范围;

④ 专职管理人员和特种作业人员的资格证、上岗证。

2. (1) 及时下达工程暂停令;

(2) 责令甲施工单位报送断桩事故调查报告;

(3) 审查甲施工单位报送的施工处理方案、措施;

(4) 审查同意后签发工程复工令;

(5) 对事故的处理过程和处理结果进行跟踪检查和验收;

(6) 及时向建设单位提交有关事故的书面报告,并应将完整的质量事故处理记录整理归档。

3. (1) 指派专业监理工程师修改监理实施细则做法正确,因为总监理工程师代表可以代总监理工程师行使这一职责。

(2) 审批监理实施细则的做法不妥,应由总监理工程师审批。

4. 要求监理单位和甲施工单位各自对工程档案进行验收并移交的做法不妥。应由建设单位组织建设工程档案的(预)验收,并在工程竣工验收后统一向城市档案管理部门办理工程档案移交。

5. (1) 甲施工单位应汇总乙施工单位形成的工程档案(乙施工单位不能自行办理工程

档案的验收与移交）；乙施工单位应将工程质量事故处理记录列入工程档案。

（2）与建设单位沟通后，项目监理机构应向甲施工单位签发《监理工程师通知单》，要求尽快整改。

## 案例10

### 背景

某工程项目，业主委托某监理公司承担施工阶段监理任务，并按《委托监理合同（示范文本》签订了监理合同。

该工程实施过程中发生了以下事件。

事件1  为控制工程施工质量，专业监理工程师收集了一个月的混凝土试块强度资料，画出直方图如图3-3所示。

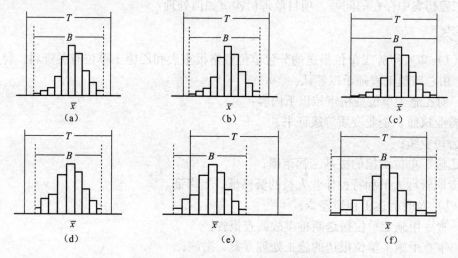

图3-3 实际质量分布与标准的比较

事件2  在工程设备安装完成后，施工单位提出工程进度款结算申请。按施工合同规定，设备订货价格以施工单位与设备供应商签订的供货合同和购货发票为结算依据，施工单位进度款结算申请中对一台天车设备的订货合同价和发票为95 000元/台，由于设备供应商是业主和设计单位推荐的，监理单位没有对天车设备再进行询价，就以订货合同和天车设备发票确认了工程进度款。业主方的合同、财务部门办理支付时，对该天车设备价格提出疑义。经专业监理工程师询价，同型号同厂家生产的该天车设备价格为25 000元/台。经进一步调查证实，该天车设备订货合同是虚假合同，因出现一份虚假合同，业主方对施工单位的其他采购合同也表示怀疑。

事件3  该工程按计划工期竣工验收并投入使用。工程投产半年后，某生产车间在使用循环水过程中,一个 DN300 的阀门爆裂,铸铁盖破碎后坠落,险些伤人。业主方作为重大工程事故,召开现场会谴责施工单位,并要求设计、施工、监理、运行单位各自提出自己的观点,确定阀门破裂的原因和责任方。

事件 4 虽然该工程项目已竣工验收并已投产半年,监理单位的监理任务已经结束,但监理费的尾款业主还没有支付,在这种情况下,发生事件 3 后,在设计、施工、监理、运行单位各自提出各自分析报告后,业主要求监理单位协调处理此事。

## ❓ 问题

1. 分析事件 1 中各直方图的质量特征。针对不同的质量特征,专业监理工程师应下达怎样的监理指令?

2. 事件 2 中,监理单位是否承担部分责任?请说明理由。项目监理机构应如何协调处理该事件?

3. 事件 3 中,监理单位在报告中应表明哪些观点?

4. 事件 4 中,监理合同是否已经终止?业主要求监理单位协调处理是否合理?请说明理由。

## 答案

1. (1) 对于图 3-3 (a),① 质量特征:样本平均值等于要求平均值;② 监理工程师指令:可继续施工。

(2) 对于图 3-3 (b),① 质量特征:样本平均值小于要求平均值;② 监理工程师指令:继续施工、限期改正。

(3) 对于图 3-3 (c),① 质量特征:样本离差系数大于要求离差系数;② 监理工程师指令:边施工边改进。

(4) 对于图 3-3 (d),① 质量特征:样本平均值等于要求平均值,样本离差系数小于要求离差系数,保证率达到要求;② 监理工程师指令:适当放松质量控制,以提高生产率。

(5) 对于图 3-3 (e),① 质量特征:质量分布范围已超出质量标准下限;② 监理工程师指令:停工整改。

(6) 对于图 3-3 (f),① 质量特征:质量分布范围完全超出质量标准上、下界限,散差太大;② 监理工程师指令:停工整改。

2. (1) 监理单位应承担部分责任;(2) 因天车设备价格明显不合理,但监理单位没有对天车设备再进行询价,就以订货合同和天车设备发票确认了工程进度款。(3) 监理单位应建议业主扣除施工单位该天车设备的虚报价差 7 万元。

3. 监理单位的报告中应表明以下观点。

(1) 该生产车间已经投产,该管道阀门在安装后,测试打压均符合设计要求,监理单位及业主代表已验收签证,在保修阶段阀门破裂,施工单位有保修的义务。

(2) 建议业主主持召开运营单位、设计单位、施工单位参加的技术分析会议,分析事故原因，提出整改方案，尽快进行修复。

（3）若该事故与监理单位有关，监理单位在整改期无偿予以监理服务；若该事故与监理单位无关，业主应增加服务报酬，监理单位在整改期提供监理服务。

4.（1）监理合同没有终止；（2）业主要求监理单位协调处理合理；（3）根据委托监理合同，监理人向委托人办理完竣工验收或工程移交手续，承包人和委托人已签订工程保修责任书，监理人收到监理报酬尾款，委托监理合同才终止。

## 案例 11

### 背景

某监理单位承担了某工程的施工阶段监理任务，该工程由甲施工单位总承包。乙施工单位为甲施工单位选择的经建设单位同意并经监理单位进行资质审查合格的分包单位。丙施工单位为建设单位指定的专业施工分包单位，施工组织设计已经过建设单位和监理单位审批，施工过程中发生了以下事件。

事件1 专业监理工程师在现场监理时发现丙施工单位的施工组织设计中缺少安全技术措施，现场存在严重安全事故隐患。总监理工程师随即书面要求甲、丙施工单位改正，提出建议方案并可继续施工。甲施工单位回复称：丙施工单位施工的工程是建设单位指定的分包单位，所以本单位不承担该部分工程的任何责任。

事件2 施工过程中，专业监理工程师发现乙施工单位施工的分包工程部分所使用的建筑材料没有经过检验，监理工程师怀疑乙施工单位施工的工程质量存在质量问题，该批材料为甲施工单位供料。为此，总监理工程师同时向甲、乙两施工单位发出了整改通知，并要求乙施工单位停止该部分的施工进行检查。甲施工单位口头称该批材料合格，乙施工单位称：若停止施工，建设单位赔偿由此造成的损失并延长工期。

事件3 专业监理工程师在巡视时发现，丙施工单位的施工进度滞后，专业监理工程师认为丙施工单位的施工方案存在问题，如果不修改施工方案，将无法保证施工进度，于是立即指示丙施工单位修改施工方案并加快施工进度，丙施工单位按要求修改了施工方案，专业监理工程师批准了丙施工单位按新的施工方案施工，但更改施工方案导致施工成本的增加。

事件4 丙施工单位就上述变更施工方案而自身遭受的损失向建设单位提出补偿要求，丙施工单位称：施工前施工组织设计已经批准，变更施工方案是监理单位的指示，因此丙施工单位提出建设单位应给予经济补偿。

事件5 甲施工单位的技术负责人在施工现浇钢筋混凝土基础工程之前，召集相关施工单位人员进行了口头布置施工安排并对施工方案进行了解释，之后通知监理工程师届时实施该部分的监理。

## ? 问题

1. 事件1中，甲施工单位的答复是否妥当？为什么？指出总监理工程师上述行为的不妥之处并说明理由。

2. 事件2中，总监理工程师签发的整改通知是否妥当？为什么？乙施工单位要求建设单位赔偿是否妥当？为什么？

3. 事件3中，专业监理工程师的做法是否妥当？请指出哪些做法不妥并说明理由。

4. 事件4中，丙施工单位的说法是否正确？为什么？

5. 事件5中，甲施工单位的做法是否妥当？为什么？

## 答案

1. 甲施工单位的答复不妥当。因为丙施工单位虽然是建设单位指定的分包单位，但施工总包单位应负责组织和管理建设单位指定的分包施工单位的施工，并承担连带责任。

2. （1）总监理工程师签发的整改通知不妥。因为专业监理工程师发现乙施工单位施工使用了没有经检验合格的建筑材料，应报告总监理工程师，由总监理工程师签发工程暂停令。

（2）乙施工单位要求建设单位赔偿不妥。因为：

① 该批材料虽然为甲施工单位供料，但该材料使用前应由乙施工单位负责检验或试验，而乙施工单位没有在使用前进行检验或试验，乙施工单位应负有责任；

② 甲施工单位供料应对其质量负责；

③ 甲施工单位称该批材料合格应有书面凭证；

④ 总监理工程师要求乙施工单位停止该部分的施工进行检查，这是监理工程师正常履行监理职责，不应由建设单位赔偿由此造成的损失并延长工期。

3. 专业监理工程师的做法不妥。专业监理工程师批准丙施工单位的施工方案不妥。应由总监理工程师批准丙施工单位的施工方案。

4. 丙施工单位的说法不正确。施工前施工组织设计虽然已经批准，但是并不能免除由于施工方案本身的缺陷施工单位所承担的责任，因此建设单位不应给予经济补偿。

5. 甲施工单位的做法不妥。

（1）甲施工单位的技术负责人在施工现浇钢筋混凝土基础工程之前，应做好技术交底。

（2）技术交底不应只是口头交底而应有技术交底书。

（3）技术交底书必须由主管技术人员编制，并经项目总工程师批准。

（4）现浇钢筋混凝土基础工程的施工是工程的关键部位，其技术交底书应报监理工程师批准后进行技术交底。

## 案例 12

### 背景

某工程项目的一工业厂房于2001年3月15日开工，同年11月15日竣工，验收合格后即投产使用。2004年2月，该厂房供热系统的供热管道部分出现漏水，业主进行了停产检修，经检查发现漏水的原因是原施工单位所用管材管壁太薄，与原设计文件要求不符。监理单位进一步查证，施工单位向监理工程师报验的材料与其在工程上实际使用的管材不相符。如果全部更换厂房供热管道，需工程费30万元，同时造成该厂部分车间停产，损失人民币20万元。

业主就此事件提出如下要求：

（1）要求施工单位全部返工更换厂房供热管道，并赔偿停产损失的60%（计人民币12万元）；

（2）要求监理公司对全部返工工程免费监理，并对停产损失承担连带赔偿责任，赔偿停产损失的40%（计人民币8万元）。

施工单位对业主的要求答复如下：

该厂房供热系统已超过国家规定的保修期，不予保修，也不同意返工，更不同意赔偿停产损失。

监理单位对业主的要求答复如下：

监理工程师已对施工单位报验的管材进行了检查，符合质量标准，已履行了监理职责。施工单位擅自更换管材，由施工单位负责，监理单位不承担任何责任。

### 问题

1. 依据现行法律和行政法规，请指出业主的要求和施工单位、监理单位的答复中各有哪些错误，为什么？

2. 简述施工单位和监理单位各应承担什么责任，为什么？

### 答案

1. 业主要求施工单位"赔偿停产损失的60%（计人民币12万元）"是错误的，应由施工单位赔偿全部损失（计人民币20万元）。业主要求监理单位"承担连带赔偿责任"也是错误的，依据有关法规监理单位对因施工单位的责任引起的损失不应负连带赔偿责任。业主对监理单位"赔偿停产损失的40%（计人民币8万元）"计算方法错误，按照委托监理合同示范文本，监理单位赔偿总额累计不应超过监理报酬总额（扣除税金）。

施工单位"不予保修"的答复错误，因施工单位使用不合格材料造成的工程质量不合格，不应有保修期限的规定而不承担责任。施工单位"不予返工"的答复错误，按现行法律规定，对不合格工程施工单位应予返工。"更不同意支付停产损失"的答复也是错误的，按现行法律，工程质量不合格造成的损失应由责任方赔偿。

监理单位答复"已履行了职责"不正确，在监理过程中监理工程师对施工单位使用的工程材料擅自更换的控制有失职。监理单位答复"不承担任何责任"也是错误的，监理单位应承担相应的监理失职责任。

2. 依据现行法律、法规，施工单位应承担全部责任。因施工单位故意违约，造成工程质量不合格。依据现行法律、法规（如《建设工程质量管理条例》第六十七条），因监理单位未能及时发现管道施工过程中的质量问题，但监理单位未与施工单位故意串通、弄虚作假，也未将不合格材料按照合格材料签字，监理单位只承担失职责任。

## 案例 13

### 背景

某高层建筑施工监理工程师在监理过程中，发现以下一些情况：

（1）施工单位浇筑基础底板混凝土时，现场搅拌棚挂出的混凝土配合比没有试配报告，现场计量装置未经监理工程师检查核定；

（2）二层框架柱纵向钢筋因材料堆放错误，直径小于设计要求直径 2 mm；

（3）三层施工时，由建设方购买到现场的 100 吨钢筋，虽然有正式的出厂合格证，但现场抽检材质化验不合格；

（4）四层现浇混凝土上午绑扎钢筋完毕后，下午上班未经检查验收，即拟浇筑混凝土；

（5）在八层柱梁施工时，由于构件截面减小，施工单位布筋困难，而通过"等强代换"原则，改变了柱梁节点的梁的钢筋直径与数量；

（6）十层砼施工时预留试块经检验达不到 C30 砼强度等级；

（7）层盖顶上的钢结构电焊时经检查发现部分电焊工没有持证上岗。

### 问题

1. 以上各项情况如何分别处理？

2. 在对已完基础工程进行质量检验与评定的情况是：该分部工程各分项工程都达到合格标准，但监理单位仍觉得工程质量水平还可进一步提高，故会同施工单位进行质量原因分析如表 3-4 所示，并用排列图分析找出影响工程质量的主要因素。

表 3-4 对已完基础工程的质量原因分析

| 序　号 | 质量原因 | 频　数 |
|---|---|---|
| 1 | 操作粗糙 | 85 |
| 2 | 材料质次 | 45 |
| 3 | 质管与质保体系不全 | 15 |
| 4 | 机具性能 | 8 |
| 5 | 气候影响 | 7 |
| | 合计 | 160 |

根据排列图找出影响工程质量的主要因素是哪些？

## 答案

1. 应该这样处理：

（1）① 指令停工；② 要求施工单位按设计要求的砼强度等级进行试配并提交试配报告，报监理审批；③ 立即安排对施工单位现场计量装置进行核定。

（2）① 指令停工；② 组织设计与施工单位共同研究处理方案，如需变更设计，指令施工单位按变更后的设计图施工；③ 否则要求拆除原有钢筋，按设计要求重新绑扎；④ 由此发生的费用由施工单位自负。

（3）① 指令停止使用该 100 吨钢筋；② 通知业主共同研究处理方案；③ 如该批钢筋经检验不能用于工程上，指令调出现场；④ 如可降级用于工程次要部位，应会同业主、设计、施工共同明确处置规定。

（4）① 指令停工；② 待监理检查验收合格后；③ 签证复工；④ 若隐检不合格，下令返工。

（5）① 指令停工；② 要求施工单位提出设计变更（工程变更）申请单；③ 监理审查认为确有必要，签署意见报建设单位；④ 会同建设单位提请设计单位进行设计变更；⑤ 要求施工单位按设计变更通知及其变更设计图纸施工，并签署复工会。

（6）① 指令停工；② 对八层砼结构进行强度检测；③ 如检测符合要求，指令停工，同时要求加强砼施工质量控制；④ 如检测结果不符合要求，会同有关部门研究处理方案；⑤ 若无有效方案，指令返工。

（7）① 停止无证人员施工；② 指令施工单位安排有资质资格的工人进行生产操作。

2. 做出排列图

① 列图原理分析；② 操作粗糙和材料质次是主要因素；③ 质管与质保体系不全为次要因素；④ 机具性能与气候影响为一般因素。

## 案例 14

### 背景

某房屋建筑工程，其地基与基础分部工程由坚世基础工程公司分包，其他工程均由总包单位中标建筑工程公司施工。业主委托建力建设监理公司进行施工监理。

（1）该工程的施工质量验收按《建筑工程施工质量验收统一标准》及有关专业验收规范进行。

（2）施工中，各检验批的质量验收记录由施工单位专业质量检查员填写，专业监理工程师组织项目专业质量检查员验收。

（3）各分项工程的质量由专业监理工程师组织施工单位专业质量检查员进行验收。地

基与基础分部工程完成后，由总包单位对工程质量进行评定，由专业监理工程师组织施工单位项目负责人和技术、质量负责人进行了验收。

（4）建筑电气分部工程的质量由总监理工程师组织施工单位项目经理等有关人员进行了验收。

（5）单位工程完成后，由施工单位进行竣工预验收，并向建设单位报送了工程竣工报验单。建设单位组织勘察、设计、施工、监理等单位有关人员对单位工程质量进行了验收，并由各方签署了工程竣工报告。

## ？问题

1. 以上各条做法是否妥当？如不妥，请指出不妥之处，并改正。
2. 工程竣工初步验收由谁组织？主要审查工程应符合哪些方面的要求？

## 答案

1. 第（1）条：妥当。

第（2）条：分项工程的质量由专业监理工程师组织施工单位专业质量检查员进行验收不妥。

应组织项目专业技术负责人等进行验收。

第（3）条：

① 地基与基础分部工程完成后，由总包单位对工程质量进行评定不妥，应由分包单位进行检查评定，总包单位派人参加。

② 专业监理工程师组织施工单位项目负责人和技术、质量负责人进行验收不妥；应由总监理工程师组织验收。地基与基础分部工程的勘察、设计单位工程项目负责人和施工单位技术、质量部门负责人也应参加验收。

第（4）条：妥当。

第（5）条：

① 单位工程完成后，由施工单位进行竣工预验收不妥。施工单位进行质量检查评定；

② 向建设单位报送工程竣工报验单不妥，应向监理单位报送；

③ 组织勘察、设计、施工、监理等单位有关人员进行验收妥当；

④ 由各方签署工程竣工报告不妥；

应为签署工程质量竣工验收记录。

2. 由总监理工程师组织。

初步验收主要审查工程应符合以下几方向的要求：我国现行法律、法规的要求；我国现行工程建设标准；设计文件要求；施工合同要求。

## 案例 15

### 背景

某大型设备振动试验台为厚大钢筋混凝土结构。负责该项目的专业监理工程师在该工程开工前审查了承包人的施工方案，编制了监理实施细则，设置了质量控制点。

### 问题

1. 承包单位为抢进度，在完成钢筋工程后马上派质检员到监理办公室请负责该项目监理的专业监理工程师进行隐蔽工程验收。该监理工程师立即到现场进行检查，发现钢筋焊接接头、钢筋间距和保护层等方面不符合设计和规范要求，随即口头指示承包单位整改。

（1）如此进行隐蔽工程验收，在程序上有何不妥？正确的程序是什么？

（2）监理工程师要求承包单位整改的方式有何不妥之处？

2. 承包单位在自购钢筋进场之前按要求向专业监理工程师提交了合格证，在监理员的见证下取样，送样进行复试，结果合格，专业监理工程师经审查同意该批钢筋进场使用；但在隐蔽验收时，发现承包单位未做钢筋焊接试验，故专业监理工程师责令承包单位在监理人员见证下取样送检，试验结果发现钢筋母材不合格；经对钢筋重新检验，最终确认该批钢筋不合格。监理工程师随即发出不合格项目通知，要求承包单位拆除不合格钢筋，并重置。同时报告了业主代表。承包单位以本批钢筋已经监理人员验收，不同意拆除，并提出若拆除，应延长工期 10 天、补偿直接损失 40 万元的索赔要求。业主得知此事后，认为监理有责任，要求监理单位按委托监理合同约定的比例赔偿业主损失 6 000 元。

问：（1）监理机构是否应承担质量责任？为什么？

（2）承包单位是否承担质量责任？为什么？

（3）业主对监理单位提出赔偿要求是否合理？为什么？

（4）监理工程师对承包单位的索赔要求应如何处理？为什么？

### 答案

1.（1）如此进行隐蔽工程验收不妥，正确的验收程序为：隐蔽工程结束后，承包单位先自检，自检合格后，填写《报验申请表》并附相关证明材料，报监理机构；监理工程师收到报验申请表后先审查质量证明资料，并在合同约定时间内到场检查承包单位的专职质检员及相关施工人员应随同一起到现场；检查合格，在报验申请表及检查证上签字确认，进行下道工序；否则，签发不合格项目通知，要求承包人整改。

（2）监理工程师要求承包人整改的方式不妥，理由是监理工程师应按规范要求下发"不合格项目通知"，书面指令承包人整改。

2.（1）监理机构不承担质量责任，因为监理机构没有违背《建筑法》和《建设工程质量管理条例》有关监理单位质量责任的规定。

（2）承包单位应承担质量责任，因为承包单位购进了不合格材料。

(3) 业主对监理单位提出赔偿要求不合理，因为其质量责任不在监理单位，且也为业主造成直接损失。

(4) 监理工程师不同意承包单位的索赔要求，因为承包单位采购了不合格材料，尽管此批钢筋已经监理工程师检验，但根据《建设工程施工合同》约定，不论工程师是否参加了验收，当其对某部分的工程质量有怀疑时，有权要求承包人重新检验，检验合格，发包人承担由此发生的全部合同价款，赔偿承包人损失，并相应顺延工期；检验不合格，承包人承担发生的全部费用，工期不予顺延。

## 案例 16

### 背景

某钢铁大厦建设工程项目，主体建筑为 12 层现浇钢筋混凝土结构。在主体工程施工到第二层时，该层的钢筋混凝土柱已浇筑完成，柱拆模监理人员发现，柱混凝土外观质量不良，表面酥松麻面，怀疑其混凝土强度不够，设计要求柱混凝土抗压强度达到 C18 的等级，于是要求施工单位出示有关混凝土质量的检验与试验资料和其他证明材料。施工单位向监理单位出示其对 9 根柱子施工时混凝土抽样检验和试验结果，表明柱混凝土抗压强度值（28 天强度）全部达到或超过 C18 的设计要求，其中最大值达到 C30，即 30 MPa。

### 问题

1. 监理工程师应如何判断施工单位这批混凝土结构施工质量是否达到了要求？
2. 如果监理单位组织复核性检验结果证明该批混凝土全部未达到 C18 的设计要求，其中最小值仅有 8 MPa，即仅达到 C8，应采取什么处理决定？
3. 如果施工单位承认其所提交的混凝土检验和试验结果不是按照混凝土检验和试验规程及规定在现场抽取试样进行试验的，而是在试验室内按照设计提出的最优配合比进行配制和制取试件后进行试验的结果。那么，对于这起质量事故，监理单位应承担什么责任？施工单位应承担什么责任？
4. 如果查明该混凝土质量事故是由于业主提供的水泥质量问题导致的混凝土强度不足，而且在业主采购及向施工单位提供这批水泥时，均未向监理单位咨询和提供有关信息。虽然监理单位与施工单位都按规定对业主提供的材料进行了进货抽样检验，并根据检验结果确认其合格而接受。请问在此情况下，业主及监理单位应承担什么责任？

### 答案

1. 为了准确判断柱混凝土的质量是否合格，监理工程师应当在承包人在场的情况下组织自身检验力量或聘请有权威性的第三方检验机构，或是承包人在监理人的监督下，对第二层主体结构的混凝土柱，用钻取混凝土芯的方法钻取试件再分别进行抗压强度试验，取得混凝土强度数据，进行分析鉴定。

2. 采取全部返工重做的处理决定,以保证主体结构的质量。承包人应承担为此所付出的全部费用。

3. 施工单位不按合同标准规范与设计要求进行施工和质量检验与试验,应承担工程质量责任,承担返工处理的一切有关费用和工期损失责任。监理单位未能按照建设部有关规定实行见证取样,认真、严格地对施工单位的混凝土施工和检验工作进行监督、控制,使施工单位的施工得不到严格的、及时的控制和发现,以致出现严重的质量问题,造成重大经济损失和工期拖延,属于严重失误,监理单位应承担不可推卸的间接责任,并应按合同的约定处以罚金。

4. 业主向承包商提供质量不合格的水泥,导致出现严重的混凝土质量问题,业主应承担其质量责任,承担质量处理的一切费用并给施工单位延长工期。监理单位及施工单位都按规定对水泥等材料质量和施工质量进行了抽样检验和试验,不承担质量责任。

## 案例 17

### 背景

某工程为 6 层砖混结构宿舍楼,建筑面积 2 784 m²,在施工过程中,二层现浇钢筋混凝土阳台在拆模时沿阳台根部发生断裂,没有造成人员伤亡,经事故调查与原因分析,发现造成该质量事故的主要原因是施工人员在绑扎钢筋时把受力钢筋放在了板的下部,而且监理工程师未在规定的时间内进行隐蔽工程检验,施工单位就进行混凝土浇筑,致使悬臂阳台受拉区产生脆性断裂。

### 问题

1. 监理工程师对该起质量事故是否应承担责任?为什么?
2. 施工单位现场质量检查的内容有哪些?施工单位进行现场质量检查有哪些常用手段?
3. 隐蔽工程质量检验的程序有哪些?
4. 针对该钢筋工程隐蔽验收的要点有哪些?
5. 监理工程师是否有权对隐蔽工程进行剥离检查?剥离检查的责任如何划分?

### 答案

1. 监理工程师承担相应的监理失职责任。原因是监理单位接受了建设单位委托,并收取了监理费用,具备了承担责任的条件,而施工过程中,监理工程师未能在规定的时间内进行隐蔽工程检验,因此应当承担相应的监理失职责任。

2. (1) 施工单位现场质量检查的内容:① 开工前检查;② 工序交接检查;③ 隐蔽工程检查;④ 停工后复工前的检查;⑤ 分项、分部工程完工后,应经检查认可,签署验收记录后,才允许进行下一工程项目施工;⑥ 成品保护检查。

(2) 施工现场检测的手段包括:目测法和实测法。目测法可归纳为看、摸、敲、照;

实测法归纳为靠、吊、量、套。

3. 隐蔽工程质量检验的程序如下。

（1）工程具备隐蔽条件，承包人进行自检并在隐蔽工程验收前 48 小时以书面形式通知监理工程师验收。通知包括隐蔽工程验收的内容、验收时间和地点。承包人准备验收记录，验收合格，监理工程师在验收记录上签字后，承包人可进行隐蔽和继续施工。验收不合格，承包人在监理工程师限定的时间内修改重新验收。

（2）监理工程师不能按时进行验收，应在验收前 24 小时以书面形式向承包人提出延期要求，延期不能超过 48 小时。监理工程师未能按以上时间提出延期要求，不进行验收，承包人可自行组织验收，监理工程师应承认验收记录。

（3）经监理工程师验收，工程质量符合标准、规范和设计图纸等要求，验收 24 小时后，监理工程师不在验收记录上签字，视为监理工程师已经认可验收记录，承包人可进行隐蔽或继续施工。

4. 钢筋工程隐蔽验收要点如下。

（1）按施工图核查纵向受力钢筋，检查钢筋品种、直径、数量、位置、间距、形状。

（2）检查混凝土保护层厚度，构造钢筋是否符合构造要求。

（3）钢筋锚固长度，箍筋加密区及加密间距。

（4）检查钢筋接头：如绑扎搭接，要检查搭接长度，接头位置和数量（错开长度、接头百分率）；焊接接头或机械连接，要检查外观质量，取样试件力学性能试验是否达到要求，接头位置（相互错开）数量（接头百分率）。

5. 监理工程师有权对隐蔽工程进行剥离检查。

剥离检验合格，发包人承担由此发生的全部追加合同价款，赔偿承包人损失，并相应顺延工期；剥离检验不合格，承包人承担发生的全部费用，工期不予顺延。

## 案例 18

### 背景

某工程项目的业主与监理签订了施工阶段监理合同，与承包方签订了工程施工合同。施工合同规定：设备由业主供应，其他建筑材料由承包方采购。

施工过程中，承包方未经监理工程师事先同意，订购了一批钢材，钢材运抵施工现场后，监理工程师进行了检验，检验中监理工程师发现承包方未能提交该批材料的产品合格证、质量保证书和材质化验单，且这批材料外观质量不好。

业主经与设计单位商定，对主要装饰石料指定了材质、颜色和样品，并向承包方推荐厂家，承包方与生产厂家签订了购货合同。厂家将石料按合同采购量送达现场，进场时经检查，该批材料颜色有部分不符合要求，监理工程师通知承包方该批材料不得使用。承包方要求厂家将不符合要求的石料退换，厂家要求承包方支付退货运费，承包方不同意支付，厂家要求业主在应付给承包方工程款中扣除上述费用。

## ? 问题

1. 对上述钢材质量问题监理工程师应如何处理？为什么？
2. 对于装饰石料：
（1）业主指定石料材质、颜色和样品是否合理？
（2）监理工程师进行现场检查，对不符合要求的石料通知承包方不许使用是否合理？为什么？
（3）承包方要求退换不符合要求的石料是否合理？为什么？
（4）厂家要求承包方支付退货运费，业主代扣退货运费款是否合理？为什么？
（5）石料退货的经济损失应由谁负担？为什么？

## 答案

1. 监理工程师应通知承包方该批钢材暂停使用，因无三证。通知承包方提交合法的钢材三证，若限期不能提交，通知承包方将钢材退场；若能提出合法的钢材三证，并经检验合格，方可用于工程。若检验不合格，应当书面通知承包方该材料不得使用。

2. 对于装饰石料：
（1）业主指定材质、颜色和样品是合理的；
（2）合理，这是监理工程师的职责与职权；
（3）要求厂家退货是合理的，因厂家供货不符合购货合同质量要求；
（4）厂家要求承包方支付退货运费不合理，退货是因厂家违约，故厂家应承担责任；业主代扣退货运费款不合理，因购货合同关系与业主无关；
（5）应由厂家承担，因责任在厂家。

## 案例 19

### 背景

业主委托监理单位对某工程实施监理，该工程实施过程中发生以下事件。

事件 1　基坑挖土工程量 12 000 $m^3$，施工单位安排两台 Cato 挖土机和相应的自卸汽车配套运土。平均挖土速度每天 300 $m^3$。专业监理工程师确认了施工单位的挖土方案，并且据此绘制了该土方工程的时间－工程量曲线图（见图 3－4）。

事件 2　从土方工程开挖起，现场监理员根据施工记录，每 5 天汇总一次实际完成的土方量。前半个月的统计数据如表 3－5 所示。

# 第 3 章 建设工程监理质量控制案例

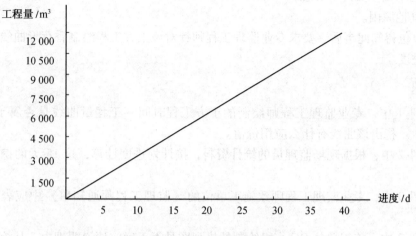

图 3-4 时间-工程量曲线图

表 3-5 实际完成土方量汇总表

| 时间 | 1～5 日 | 6～10 日 | 11～15 日 |
| --- | --- | --- | --- |
| 实际完成土方量/m³ | 1 000 | 1 200 | 1 100 |

事件 3 针对事件 2，专业监理工程师起草了一份《监理工程师通知单》致施工单位，要求施工单位对进度拖延的原因作出说明。两天后，施工单位的复函送到监理工程师办公室，函件中对进度拖延的原因做了说明，并附上现场 QC 小组按投票统计绘制的排列图（见图 3-5）和原因分析结果：

(1) 挖土机保养差，有故障、效率低；
(2) 汽车运土途中交通受阻，汽车配置数量不够；
(3) 土方工程被分包，进场的分包施工队对进度计划目标不了解；
(4) 施工相互干扰，施工组织不当；

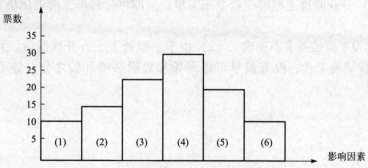

图 3-5 施工单位 QC 小组投票统计排列图

(5) 挖土顺序安排不合理；

(6) 其他原因。

建设单位得知此事后，要求专业监理工程师针对该土方工程绘制香蕉形曲线，用以控制挖土施工进度。

## ❓ 问题

1. 事件1中，专业监理工程师绘制的土方工程时间－工程量曲线是否属于S型曲线？请说明理由。指出该曲线有什么应用价值。

2. 事件2中，根据现场监理员的统计资料，按计划进度计算，这15天的挖土进度滞后多少天？

3. 事件3中，专业监理工程师致施工单位的《监理工程师通知单》中应表达哪些主要内容？

4. 事件3中，施工单位QC小组绘制的排列图是否正确？请说明理由。从施工单位分析的原因（3）中得知挖土施工被分包，专业监理工程师应如何处理？

5. 事件3中，建设单位的要求是否正确？说明理由。

## 🎵 答案

1. （1）专业监理工程师绘制的土方工程时间－工程量曲线属于S型曲线；（2）因为施工速度是匀速的，所以工程量与时间成正比，形成线性关系，这是S型曲线的特例；（3）S型曲线可用于跟踪实际进度，进行实际值与计划目标值的对比。

2. 按计划进度计算：$(300 \times 15 - 1\,000 - 1\,200 - 1\,100) \div 300 = 4$（天），所以滞后4天。

3. 专业监理工程师致施工单位的《监理工程师通知单》中应表达：（1）要求施工单位对1～15天进度偏差的原因进行分析；（2）指出在分析原因的基础上，采取有效措施，消除影响因素；（3）要求加快施工进度，按原计划时间完成施工任务。

4. （1）施工单位QC小组绘制的排列图不正确；（2）因该图未按产生问题的原因从大到小排列，且未画出各项原因的累计频率曲线，并作主要原因、次要原因和一般原因的ABC分类；（3）专业监理工程师应责令施工单位立即将分包单位清退出场，并及时报告总监理工程师。

5. （1）建设单位的要求不正确；（2）由于工程处于土方开挖阶段，且仅控制此项施工，网络图只有一项工作，没有最早可能开始和最迟必须开始之分，故不能画出香蕉形曲线。

# 第4章 建设工程监理进度控制案例

## 案例 1

### 背景

某工程，业主通过招标委托了监理单位并与工程施工单位签订了项目施工合同，施工合同工期为 16 个月。施工单位提交给监理工程师的工程项目双代号时标网络进度计划，各项工作均按正常持续时间和最早开始时间参数绘制（见图 4-1，时间单位：月），图中箭线上方括号内数字为工期优化调整计划时压缩工作持续时间的次序号，箭线下方括号外数字为该工作的正常持续时间，括号内的数字为该工作的最短持续时间。

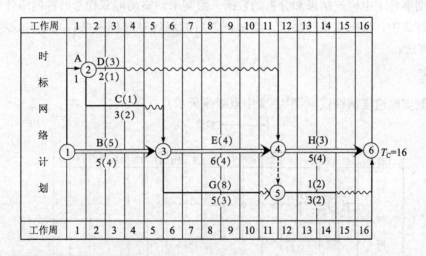

图 4-1 双代号时标网络进度计划图

该工程实施中发生了如下事件。

事件 1 在第 5 个月末，监理工程师检查施工进度完成情况，发现 A 工作已完成，D 工作尚未开始，C 工作进行 1 个月，B 工作进行 2 个月。监理工程师对实际进度与计划进度进行对比分析，填写了网络计划检查结果分析表（见表 4-1）。

表4-1 网络计划检查结果分析表

| 工作代号 | 工作名称 | 检查计划时尚需作业月数 | 到计划最迟完成时尚有月数 | 原有总时差 | 尚有总时差 | 情况判断 |
|---|---|---|---|---|---|---|
| ① | ② | ③ | ④ | ⑤ | ⑥ | ⑦ |
| 2-4 | D | | | | | |
| 2-3 | C | | | | | |
| 1-3 | B | | | | | |

事件2 业主不允许工程拖期，要求按原合同工期目标完成。为此，施工单位调整了项目双代号时标网络进度计划，对工期进行了优化，以满足合同工期要求。

## ? 问题

1. 绘制第5个月末的实际进度前锋线，并说明进度前锋线的绘制方法。
2. 根据事件1中监理工程师进度检查结果，填写网络计划检查结果分析表（表4-2）。
3. 根据事件1中检查结果和分析的数据，绘制未调整前的双代号时标网络计划。
4. 事件2中，根据业主的要求，绘制调整后的双代号时标网络计划，并说明其调整计划的基本方法。

## 答案

1. 绘制实际进度前锋线（图4-2中点画线所示）

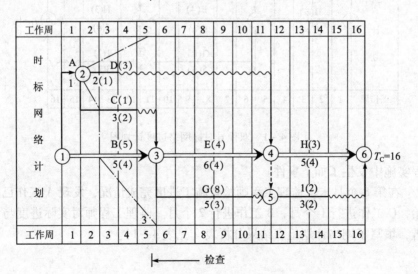

图4-2 时标网络进度计划与实际进度前锋线

前锋线绘制法:应自上而下地从计划检查的时间刻度线出发,用点画线依次连接各项工作的实际进度前锋,最后达到计划检查时的时间刻度线为止。

2. 网络计划检查结果分析如表 4-2 所示。

表 4-2 网络计划检查结果分析表

| 工作代号 | 工作名称 | 检查计划时尚需作业天数 | 到计划最迟完成时尚有天数 | 原有总时差 | 尚有总时差 | 情况判断 |
|---|---|---|---|---|---|---|
| ① | ② | ③ | ④ | ⑤ | ⑥ | ⑦ |
| 2-4 | D | 2-0=2 | 11-5=6 | 8 | 6-2=4 | 正常 |
| 2-3 | C | 3-1=2 | 5-5=0 | 1 | 0-2=-2 | 影响工期 2 天 |
| 1-3 | B | 5-2=3 | 5-5=0 | 0 | 0-3=-3 | 影响工期 3 天 |

注:从时标网络计划中判读有关时间参数:

$$TF_{2-4} = \min\{TF_{4-5}, TF_{4-6}\} + FF_{2-4} = \min\{2,0\} + 8 = 8$$

$$TF_{2-3} = \min\{TF_{3-4}, TF_{3-5}\} + FF_{2-3} = \min\{0,3\} + 1 = 1$$

$$TF_{1-3} = \min\{TF_{3-4}, TF_{3-5}\} + FF_{1-3} = \min\{0,3\} + 0 = 0$$

$$LF_{2-4} = EF_{2-4} + TF_{2-4} = 3 + 8 = 11$$

$$LF_{2-3} = EF_{2-3} + TF_{2-3} = 4 + 1 = 5$$

$$LF_{1-3} = EF_{1-3} + TF_{1-3} = 5 + 0 = 5$$

3. 根据监理工程师检查结果分析,第 5 周末检查实际进度工期影响 3 周,未调整前的时标网络计划如图 4-3 所示。

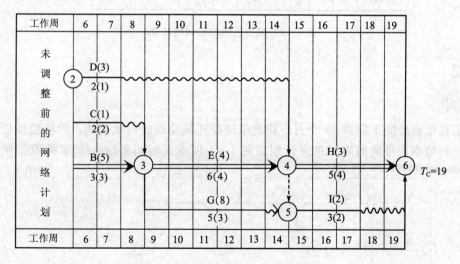

图 4-3 未调整前的时标网络计划

绘制方法:

(1) 按实际进度前锋线拉直即第 5 周的点划线。

(2) 按时标网络计划绘制的方法,确定关键线路和 $T_C$ = 19 周,与分析结果相符。

4. 原工期为 16 周,需压缩工期 3 周,压缩关键工作的持续时间才能压缩总工期,根据题意箭线上方的压缩次序,第一步压缩 H 工作持续时间 1 周,利用 I 工作时差 1 周;第二步压缩 E 工作持续时间 1 周,利用 G 工作时差 1 周,G 工作仍有总时差 1 周,第三步同时压缩 E 和 G 工作持续时间 1 周,G 工作仍有总时差 1 周,但 E 和 H 工作均已到达最短工期,不能再压缩。共计压缩关键工作持续时间 3 周,满足要求,计划调整完毕,调整后的计划如图 4-4 所示。

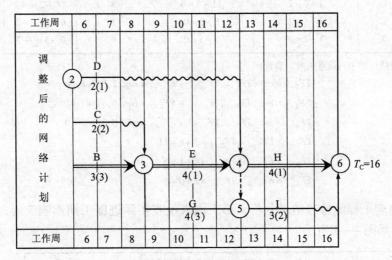

图 4-4 调整后的时标网络计划

## 案例 2

### ◀ 背景

某工程项目合同工期为 20 个月,建设单位委托某监理公司承担施工阶段监理任务。经总监理工程师审核批准的施工进度计划如图 4-5 所示(时间单位:月),各项工作均匀速

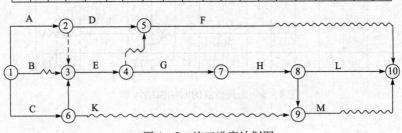

图 4-5 施工进度计划图

施工。

该工程实施中发生了如下事件。

事件 1　由于建设单位负责的施工现场拆迁工作未能按时完成，总监理工程师口头指令承包单位开工日期推迟 4 个月，工期相应顺延 4 个月，鉴于工程尚未开工，因延期开工给承包单位造成的损失不予补偿。

事件 2　推迟 4 个月开工后，当工作 G 开始之时检查实际进度，发现此前施工进度正常。此时，建设单位要求仍按原竣工日期完成工程，承包单位提出如下赶工方案，得到总监理工程师的同意。

该方案将 G、H、L 三项工作均分成两个施工段组织流水施工，数据见表 4－3。

表 4－3　施工段及流水节拍

| 流水节拍/月　施工段<br>工作 | ① | ② |
|---|---|---|
| G | 2 | 3 |
| H | 2 | 2 |
| L | 2 | 3 |

事件 3　工作 G 经监理工程师核准，每月实际完成工程量均为 400 $m^3$。承包单位在报价单中的工料单价为 50 元/$m^3$，其他直接费率为 3%，间接费率为 10%，现场经费率为 5%，利润率为 5%，计税系数为 3.41%。

# ? 问题

1. 如果工作 B、C、H 要由一个专业施工队顺序施工，在不改变原施工进度计划总工期和工作工艺关系的前提下，如何安排该三项工作最合理？此时该专业施工队最少的工作间断时间为多少？

2. 指出事件 1 中总监理工程师做法的不妥之处，并写出相应的正确做法。

3. 事件 2 中，G、H、L 三项工作流水施工的工期为多少？此时工程总工期能否满足原竣工日期的要求？为什么？

4. 事件 3 中，按合同约定，工作 G 每月的结算款应为多少？

# 答案

1. 应按工作 B→C→H 顺序安排（也可在图中直接标注）。该专业队施工中最少的间断时间为 5 个月。

2. 不能用口头指令，应该以书面形式通知承包单位推迟开工日期；应顺延工期，补偿因延期开工造成的损失。

3. 计算流水步距

错位相减求得差数列：

G 与 H 之间

$$\begin{array}{r}2,\ 5\ \phantom{000}\\ 2,\ 4\phantom{00}\\ \hline 2,\ 3,\ -4\end{array}$$

G 与 H 间的流水步距：$K_{G,H} = \max\{2,3,-4\} = 3$（月）

H 与 L 之间

$$\begin{array}{r}2,\ 4\ \phantom{000}\\ 2,\ 5\phantom{00}\\ \hline 2,\ 2,\ -5\end{array}$$

H 与 L 间的流水步距：$K_{H,L} = \max\{2,2,-5\} = 2$（月）

G、H、L 三项工作的流水施工工期为：$(3+2)+(2+3)=10$（月）

若不采用计算，可直接应用以下示意图分析得出正确流水工期为 10 个月。

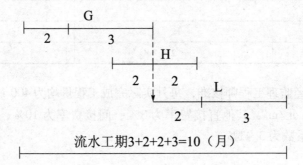

此时工程总工期为：$4+6+10=20$ 个月，可以满足原竣工时间要求。

4. 直接费：$400 \times 50 = 20\,000$（元）

其他直接费：$20\,000 \times 3\% = 600$（元）

现场经费：$20\,000 \times 5\% = 1\,000$（元）

间接费：$(20\,000 + 600 + 1\,000) \times 10\% = 2\,160$（元）

利润：$(20\,000 + 600 + 1\,000 + 2\,160) \times 5\% = 1\,188$（元）

税金：$(20\,000 + 600 + 1\,000 + 2\,160 + 1\,188) \times 3.41\% = 850.73$（元）

结算款：$20\,000 + 600 + 1\,000 + 2\,160 + 1\,188 + 850.73 = 25\,798.73$（元）

## 案例 3

### 背景

某单项工程，按图 4-6 所示进度计划正在进行。箭线上方数字为工作缩短一天需增加的费用（元/天），箭线下括弧外数字为工作正常施工时间，箭线下括弧内数字为工作最快施工时间。原计划工期是 170 天，在第 75 天检查时，工作 1-2（基础工程）已全部完成，工作 2-3（构件安装）刚刚开工。由于工作 2-3 是关键工作，所以它拖后 15 天，将导致总工期延长 15 天。为使计划按原工期完成，则必须赶工，调整原计划。

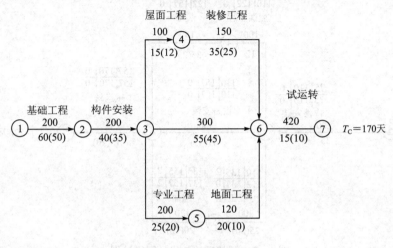

图 4-6 网络进度计划

## ? 问题

应如何调整原计划，使工程既经济又保证计划在 170 天内完成？

## 答案

1. 余下的关键工作中，工作 2-3 赶工费率最低，故可压缩工作 2-3，40-35=5（天）。

因此增加费用 5 天 × 200 元/天 = 1 000（元），总工期为 185-5=180（天）。

2. 其次工作 3-6 的赶工费率最低。但必须考虑与工作 3-6 的平行的各项工作。

压缩时间不能超过平行工作的最小总时差，故只能压缩 5 天。

增加费用 5 天 × 300 元/天 = 1 500（元），总工期为 180-5=175（天）。

3. 此时关键工作又增加了工作 3-4 和工作 4-6，必须同时压缩工作 3-6 和工作 3-4 或工作 3-6 和工作 4-6，工作 3-6 与工作 3-4 的赶工费率和最低，为 300+100=400（元/天）。

但工作 3-4 只能压缩 3 天，同时压缩工作 3-6 与工作 3-4，3 天，增加费用 3 ×（300+100）= 1 200（元），总工期为 175-3=172（天）。

4. 此时关键工作 6-7 赶工费率最低。

压缩工作 6-7，2 天，增加费用 2 天 × 420 元/天 = 840 元，工期为 172-2=170（天）。

通过以上工期调整，可将拖延的 15 天全部找回来，工期仍为 170 天。但增加了赶工费 1 000 + 1 500 + 1 200 + 840 = 4 540（元）。

调整后的网络计划（图 4-7）为：

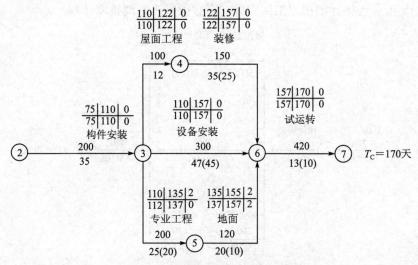

图 4-7 调整后的双代号网络计划

## 案例 4

### 背景

某工程施工网络计划原始数据列于表 4-4。第九天检查计划执行情况的结果，实际进度列于表 4-5。

表 4-4 网络计划原始数据

| 序号 | 工作名称 | 紧后工作 | 节点编号 | 正常持续时间/天 | 最短持续时间/天 | 备 注 |
|---|---|---|---|---|---|---|
| 1 | A | D, E | 1-2 | 3 | 3 | |
| 2 | B | F, G | 1-3 | 4 | 3 | |
| 3 | C | H | 1-4 | 4 | 3 | |
| 4 | D | J | 2-6 | 3 | 2 | |
| 5 | E | H | 2-4 | 5 | 4 | |
| 6 | F | I | 3-5 | 5 | 4 | 可与紧后工作 I 分段流水作业 |
| 7 | G | J | 3-6 | 6 | 4 | |
| 8 | H | K, L | 4-7 | 2 | 2 | |
| 9 | I | M | 5-8 | 7 | 6 | 可与紧前工作 J 分段流水作业 |
| 10 | J | M | 6-8 | 4 | 3 | |

续表

| 序号 | 工作名称 | 紧后工作 | 节点编号 | 正常持续时间/天 | 最短持续时间/天 | 备注 |
|---|---|---|---|---|---|---|
| 11 | K | M | 7－8 | 4 | 3 | |
| 12 | L | — | 7－9 | 6 | 5 | |
| 13 | M | — | 8－9 | 4 | 3 | |

表4－5　计划完成情况表

| 序号 | 工作名称 | 检查时尚需作业时间/天 | 完成情况 | 备注 |
|---|---|---|---|---|
| 1 | A | 0 | 已完成 | |
| 2 | B | 0 | 已完成 | |
| 3 | C | 0 | 已完成 | |
| 4 | D | 1 | 进行中 | |
| 5 | E | 0 | 已完成 | |
| 6 | F | 2 | 进行中 | |
| 7 | G | 2 | 进行中 | |
| 8 | H | 2 | 未开始 | |

## ? 问题

1. 根据网络计划原始数据绘制双代号网络图。
2. 根据第九天检查计划执行的结果，分析是否对工期有影响。
3. 如果计划执行有偏差，请提出调整意见。

## 答案

1. 根据已知条件，绘出双代号网络图（见图4－8）。

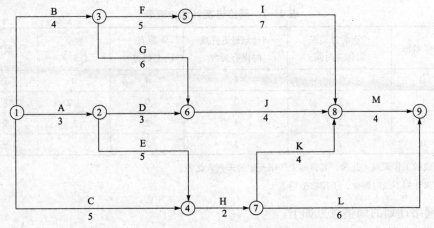

图4－8　双代号网络图

2.（1）计算时间参数，找出关键线路。计算方法任选，计算结果如表4-6所示。

表4-6 时间参数计算表

| 序号 | 工作名称 | 正常持续时间/天 | 最早开始 | 最早结束 | 最迟开始 | 最迟结束 | 总时差 | 自由时差 |
|---|---|---|---|---|---|---|---|---|
| 1 | A | 3 | 0 | 3 | 2 | 5 | 2 | 0 |
| 2 | B | 4 | 0 | 4 | 0 | 4 | 0 | 0 |
| 3 | C | 5 | 0 | 5 | 5 | 10 | 5 | 3 |
| 4 | D | 3 | 3 | 6 | 9 | 12 | 6 | 4 |
| 5 | E | 5 | 3 | 8 | 5 | 10 | 2 | 0 |
| 6 | F | 5 | 4 | 9 | 4 | 9 | 0 | 0 |
| 7 | G | 6 | 4 | 10 | 6 | 12 | 2 | 0 |
| 8 | H | 2 | 8 | 10 | 10 | 12 | 2 | 0 |
| 9 | I | 7 | 9 | 16 | 9 | 16 | 0 | 0 |
| 10 | J | 4 | 10 | 14 | 12 | 16 | 2 | 2 |
| 11 | K | 4 | 10 | 14 | 12 | 16 | 2 | 2 |
| 12 | L | 6 | 10 | 16 | 14 | 20 | 4 | 4 |
| 13 | M | 4 | 16 | 20 | 16 | 20 | 0 | 0 |

关键工作为B、F、I、M，关键线路为B-F-I-M。

（2）按时间参数绘出双代号时标网络图（图4-9），在图上正确标出前锋线。

（3）填写网络计划检查分析表（表4-7）。

表4-7 网络进度计划检查表

| 工作代号 | 工作名称 | 检查时计划尚需作业时间 | 到计划最迟完成时尚有天数 | 原有总时差 | 现有总时差 | 情况判断 |
|---|---|---|---|---|---|---|
| 2-6 | D | 1 | 1 | 4 | 0 | 不影响工期 |
| 3-5 | F | 2 | 0 | 0 | -2 | 影响工期2天 |
| 3-6 | G | 2 | 3 | 2 | 1 | 不影响工期 |
| 4-7 | H | 2 | 3 | 2 | 1 | 不影响工期 |

注：已完成的工作未列入此表，其紧前工作未开始的未列入此表。
结论：如果计划不及时调整，工期将拖后2天。

3.对网络计划的调整意见如下。

（1）绘出从第10天开始的网络计划，并正确注出各个工作的持续时间。

# 第 4 章 建设工程监理进度控制案例

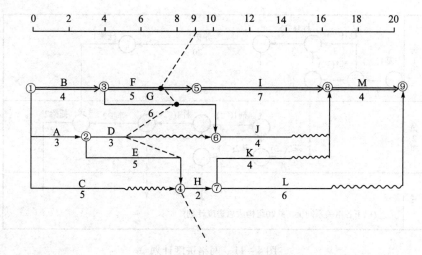

图 4-9 双代号时标网络计划

(2) 找出关键线路,得出计算工期。将原网络计划所剩的时间,作为这部分网络计划的计算工期。

(3) 提出为保证按原计算工期完成计划的调整措施:将工作 I 分为两段,第 I 段于第 10 天开始,与工作 F 进行交叉流水作业。

## 案例 5

### 背景

某施工单位通过投标获得高架输水管道工程共 20 组钢筋混凝土支架的施工合同。每组支架的结构形式及工程量相同,均由基础、柱和托梁三部分组成,如图 4-10 所示。合同工期为 190 天。

开工前施工单位向监理工程师提交了施工方案及网络进度计划,具体如下。

(1) 施工方案。

施工流向:从第一组支架依次流向第 20 组。

劳动组织:基础、柱、托梁分别组织混合工种专业队。

技术间歇:柱混凝土浇筑后需要养护 20 天后方能进行托梁施工。

物资供应:脚手架、模具及商品混凝土按进度要求调度配合。

(2) 网络进度计划如图 4-11 所示(时间单位:天)。

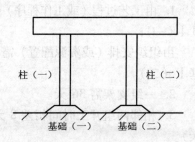

图 4-10 支架结构图

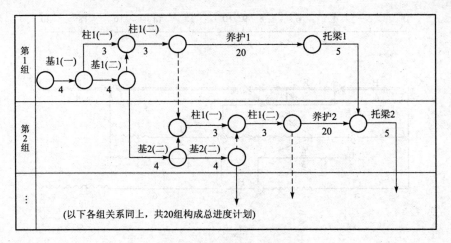

图 4 – 11　网络进度计划

## ❓ 问题

1. 什么是网络计划工作之间的工艺逻辑关系和组织逻辑关系？从图中各举一例说明。
2. 该网络计划中，第 1 组支架施工需要多少时间？
3. 任意相邻两组支架的开工时间相差几天？第 20 组支架的开工时间是何时？
4. 该计划的计划总工期为多少天？监理工程师可否批准网络计划？为什么？
5. 该网络计划的关键线路由哪些工作组成？

## 答案

1. 由工艺过程（或工作程序）决定的先后顺序关系为工艺逻辑关系。例如，基Ⅰ（一）→柱Ⅰ（一）；

   由组织安排（或资源配置）需要的先后顺序关系为组织逻辑关系。例如，基Ⅰ（一）→基Ⅰ（二）。

2. 一组支架需 36 天。

3. 相邻两组开工时间相差 8 天，第 20 组的开工时间为 $8 \times 19 = 152$（天）（或第 153 天）。

4. 计划总工期为 $152 + 36 = 188$（天），监理工程师可批准，因为满足合同工期要求或计划工期小于合同工期。

5. 由总进度网络计划关键线路图所有基础工程、第 20 组柱（二）及其养护第 20 组托梁组成。

## 案例 6

### 背景

某实施监理的工程，业主和施工单位签订了工程承包合同。施工单位提交的工程施工网络计划如图 4-12 所示。

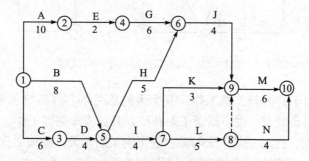

图 4-12　施工网络进度计划

该工程实施过程中发生了以下事件。

事件 1　由于施工单位施工机械调配原因，施工组织中安排工作 A、D、J 共用一台施工机械且必须顺序施工。

事件 2　为了保证工期，监理工程师要求施工单位增加施工机械。因施工单位增加施工设备后，计划执行没有受到施工机械的限制，施工单位仍按原计划执行。由于业主原因使工作 B 拖延 6 天，不可抗力原因使工作 H 拖延 5 天，承包商自身原因使工作 G 拖延 10 天，承包商提出工程延期申请。

事件 3　经调查，事件 2 中工作 G 拖延 10 天是由于与承包商签订了供货合同的材料供应商未能按时供货而引起的。

### 问题

1. 该网络计划的计算工期为多少天？哪些工作为关键工作？
2. 针对事件 1，施工单位对网络计划应如何调整？调整后网络计划中的关键工作有哪些？
3. 事件 2 中，监理工程师应批准工程延期多少天？为什么？
4. 事件 3 中，监理工程师应批准工程延期多少天？为什么？

### 答案

1. 计算工期为 28 天，关键工作有 A、E、G、J、M。
2. 按 A-D-J 顺序施工，网络计划调整为图 4-13。
3. 监理工程师应批准工程延期 6 天。因工作 B 是由于业主原因造成，拖延 6 天，应当

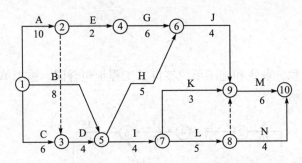

图 4-13 调整后的双代号网络计划

给予工期补偿，但由于其为非关键工作，有 5 天的总时差，故影响工期 1 天。工作 H 由于不可抗力原因造成拖延 5 天，也应给予工期补偿，其虽为非关键工作，原有 3 天总时差，但由于工作 B 拖延 6 天，已用完其 3 天时差，故影响工期 5 天，监理工程师应批准补偿工期 6 天。工作 G 是由于承包商原因造成拖期，不给以补偿。

4. 监理工程师应批准工期延长 10 天。因工作 G 拖延 10 天是非承包商原因造成的，应给以补偿。工作 G 为关键工作，影响工期 10 天。工作 B 因工作 G 拖延，其总时差增加为 15 天，故其拖延 6 天不影响工期。工作 H 的总时差增加为 13 天，因工作 B 拖延已用去 4 天时差，工作 H 的时差变为 9 天，其拖延 5 天也不会影响工期，所以监理工程师应批准工程延期 10 天。

## 案例 7

### 背景

某市政工程，项目的合同工期为 38 周。经总监理工程师批准的施工总进度计划如图 4-14 所示（时间单位：周），各工作可以缩短的时间及其增加的赶工费如表 4-8 所示，其中 H、L 分别为道路的路基、路面工程。

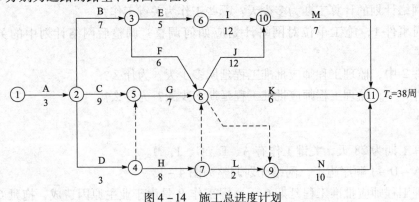

图 4-14 施工总进度计划

## 第4章 建设工程监理进度控制案例

表4-8 工作赶工费表

| 分部工程名称 | A | B | C | D | E | F | G | H | I | J | K | L | M | N |
|---|---|---|---|---|---|---|---|---|---|---|---|---|---|---|
| 可缩短的时间/周 | 0 | 1 | 1 | 1 | 2 | 1 | 1 | 0 | 2 | 1 | 1 | 0 | 1 | 3 |
| 增加的赶工费/(万元/周) | — | 0.7 | 1.2 | 1.1 | 1.8 | 0.5 | 0.4 | — | 3.0 | 2.0 | 1.0 | — | 0.8 | 1.5 |

该工程实施过程中发生了以下事件。

事件1 开工1周后，建设单位要求将总工期缩短2周，故请监理单位帮助拟订一个合理赶工方案，以便与施工单位洽商。

事件2 建设单位依据调整后的方案与施工单位协商，并按此方案签订了补充协议，施工单位修改了施工总进度计划。在H、L工作施工前，建设单位通过设计单位将此400 m的道路延长至600 m。

事件3 H工作施工的第一周，监理人员检查发现路基工程分层填土厚度超过规范规定，为保证工程质量，总监理工程师签发了工程暂停令，停止了该部位工程施工。

事件4 施工中由于建设单位提供的施工条件发生变化，导致I、J、K、N四项工作分别拖延1周，为确保工程按期完成，需支出赶工费。该项目投入使用后，每周净收益5.6万元。

## ❓ 问题

1. 事件1中，如何调整计划才能既实现建设单位的要求，又能使支付施工单位的赶工费用最少？请说明步骤和理由。

2. 事件2中，该道路延长后，H、L工作的持续时间为多少周（设工程量按单位时间均值增加）？对修改后的施工总进度计划的工期是否有影响？为什么？

3. 事件3中，总监理工程师的做法是否正确？总监理工程师在什么情况下可签发工程暂停令？

4. 事件4中，从建设单位角度出发，是让施工单位赶工合理还是延期完工合理？为什么？

## 答案

1. （1）关键线路为 A→C→G→J→M（或关键线路为①→②→⑤→⑧→⑩→⑪或关键工作为 A、C、G、J、M）。

注：在图中标出正确的关键线路也可得分。

（2）由于缩短G工作的持续时间增加的赶工费最少，故将G工作的持续时间缩短1周，增加赶工费0.4万元。

（3）关键线路仍为 A→C→G→J→M（或关键线路为①→②→⑤→⑧→⑩→⑪或关键工作为 A、C、G、J、M）。

注：在图中标出正确的关键线路也可得分。

（4）由于缩短 M 工作的持续时间增加的赶工费最少，故将 M 工作的持续时间缩短 1 周，增加赶工费 0.8 万元。

（5）最优赶工方案是将 G 工作和 M 工作的持续时间各缩短 1 周，增加的赶工费为 1.2 万元。

2.（1）H 工作的持续时间为 $(600/400)\times 8=12$（周）

　　　L 工作的持续时间为 $(600/400)\times 2=3$（周）

（2）没有影响，因为 H、L 工作增加的持续时间未超过其总时差（或总工期为 36 周）。

3.（1）正确。

（2）发生如下情况之一时，可签发工程暂停令：

① 建设单位要求暂停施工，且工程需要暂停施工；

② 为了保证工程质量而需要进行停工处理；

③ 施工出现了安全隐患，总监理工程师认为有必要停工，以消除隐患；

④ 发生了必须暂时停止施工的紧急事件；

⑤ 承包单位未经许可擅自施工，或拒绝项目监理机构管理。

4. 因为在 I、J、K、N 四项工作中，只有 J 工作为关键工作，将该工作的持续时间缩短 1 周，只需增加赶工费 2 万元，而拖延工期 1 周，将损失净收益 5.6 万元，故应赶工。

# 案例 8

### ◀ 背景

某工程的施工合同工期为 16 周，项目监理机构批准的施工进度计划如图 4-15 所示（时间单位：周）。各工作均按匀速施工。施工单位的报价单（部分）见表 4-9。

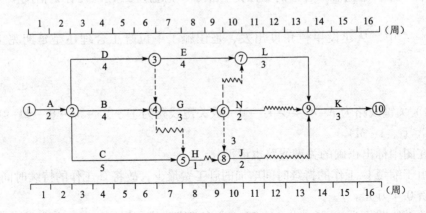

图 4-15　施工进度计划

表4-9 施工单位报价单

| 序号 | 工作名称 | 估算工程量 | 全费用综合单价/(元/m³) | 合价/万元 |
|---|---|---|---|---|
| 1 | A | 800 m³ | 300 | 24 |
| 2 | B | 1 200 m³ | 320 | 38.4 |
| 3 | C | 20 次 | — | — |
| 4 | D | 1 600 m³ | 280 | 44.8 |

工程施工到第4周末时进行进度检查,发生如下事件。

事件1 A工作已经完成,但由于设计图纸局部修改,实际完成的工程量为840 m³,工作持续时间未变。

事件2 B工作施工时,遇到异常恶劣的气候,造成施工单位的施工机械损坏和施工人员窝工,损失1万元,实际只完成估算工程量的25%。

事件3 C工作为检验检测配合工作,只完成了估算工程量的20%,施工单位实际发生检验检测配合工作费用5 000元。

事件4 施工中发现地下文物,导致D工作尚未开始,造成施工单位自有设备闲置4个台班,台班单价为300元/台班、折旧费为100元/台班。施工单位进行文物现场保护的费用为1 200元。

## ? 问题

1. 根据第4周末的检查结果,在图4-15上绘制实际进度前锋线,逐项分析B、C、D三项工作的实际进度对工期的影响,并说明理由。

2. 若施工单位在第4周末就B、C、D出现的进度偏差提出工程延期的要求,项目监理机构应批准工程延期多长时间?为什么?

3. 施工单位是否可以就事件2、4提出费用索赔?为什么?可以获得的索赔费用为多少?

4. 事件3中C工作发生的费用如何结算?

5. 前4周施工单位可以得到的结算款为多少元?

## 答案

1. 实际进度前锋线如图4-16所示。

(1) 工作B拖后1周,因工作B总时差为1周,所以不影响工期。

(2) 工作C拖后1周,因工作C总时差为3周,所以不影响工期。

(3) 工作D拖后2周,因工作D总时差为0(或D为关键工作),所以影响工期2周。

2. 批准工程延期2周,由于施工中发现地下文物造成D工作拖延,不属于施工单位责任。

3. (1) 事件2不能索赔费用,因异常恶劣的气候属不可抗力;

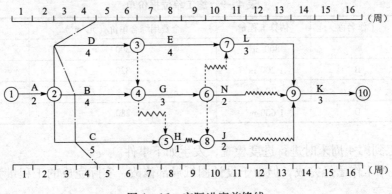

图4-16 实际进度前锋线

(2) 事件4可以提出费用索赔,因施工中发现地下文物;可获得的索赔费用为$4 \times 100 + 1\,200 = 1\,600$元。

4. 施工单位对C工作的费用没有报价,故认为该项费用已分摊到其他相应项目中。

5. 施工单位可以得到的结算款如下。

工作A:$840 \times 300 = 252\,000$(元);

工作B:$1\,200 \times 25\% \times 320 = 96\,000$(元);

工作D:$4 \times 100 + 1\,200 = 1\,600$(元)。

小计:$252\,000 + 96\,000 + 1\,600 = 349\,600$(元)

## 案例9

### 背景

某实施监理的工程,施工合同总价为3 000万元,合同工期为29周。施工单位提交的施工网络进度计划如图4-17所示。

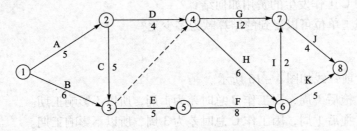

图4-17 施工网络进度计划

该工程施工过程中发生了以下事件。

事件1 工程施工中受到多种因素的干扰,各工作的持续时间发生改变,具体变化及原因见表 4-10。在工程快完工时，施工单位按合同约定的索赔程序提出延长工期 11 周的补偿要求。

表 4-10　各工作持续时间改变及变化原因表

| 工作代号 | 工作持续时间延长原因及延长周数 | | | 持续时间延长值 |
|---|---|---|---|---|
| | 业主原因 | 不可抗力原因 | 承包商原因 | |
| A | 1 | 1 | 1 | 3 |
| B | 2 | 1 | 0 | 3 |
| C | 0 | 1 | 0 | 1 |
| D | 1 | 0 | 2 | 3 |
| E | 1 | 0 | 2 | 3 |
| F | 0 | 1 | 0 | 1 |
| G | 2 | 4 | 0 | 6 |
| H | 0 | 0 | 3 | 3 |
| I | 0 | 0 | 1 | 1 |
| J | 0 | 0 | 2 | 2 |
| K | 2 | 1 | 1 | 4 |

事件 2　在屋面防水工程施工中，为了使施工质量得到保证，施工单位除了按设计文件要求对基底进行妥善处理外，还购买了高等级的防水材料并增加了防水层的厚度。

事件 3　事件 1 处理后，对合同工期进行了调整。在工程设备安装完毕，施工单位进行单机无负荷试车时不合格，经查，是由于业主购买的工程设备某部件存在缺陷导致的。设备供应厂商更换缺陷部件使 J 工作持续时间延长 2 周。

事件 4　施工完成后，施工单位针对事件 2 和事件 3，向监理工程师提出工期和费用索赔，其中费用索赔计算书中包含以下两项内容：

（1）购买了高等级的防水材料并增加了防水层的厚度，提高了工程质量，索赔 5 万元。

（2）业主购买的工程设备存在缺陷导致停工 2 周，损失 2 周的管理费和利润：

$$管理费 = 合同总价 \div 工期 \times 管理费费率 \times 延误时间$$
$$= 3\,000 \div 29 \times 7\% \times 2 \approx 14.48（万元）$$
$$利润 = 合同总价 \div 工期 \times 利润率 \times 延误时间$$
$$= 3\,000 \div 29 \times 5\% \times 2 \approx 10.34（万元）$$

合计：14.48 + 10.34 = 24.82（万元）

? 问题

1. 事件 1 中，总监理工程师应批准的工期延期为多少周？为什么？
2. 事件 2 中，施工单位的做法是否正确？请说明理由。
3. 事件 3 中，由于更换设备的缺陷部件使 J 工作持续时间延长，总监理工程师应批准的工期延期为多少周？请说明理由。

4. 事件 4 中，总监理工程师是否应批准施工单位的费用索赔？是否同意索赔费用的计算方法？分别说明理由。

## 答案

1. （1）总监理工程师应该批准的工期延期为 7 周。

（2）总监理工程师处理索赔的基本原则是：实事求是，按合同规定处理。由于非承包商原因（业主原因、不可抗力等原因）导致工期拖延的时间，承包商可以获得索赔，由于承包商原因导致工期拖延的时间，承包商不能索赔。

（3）计算由于业主原因、不可抗力原因使工期拖延后的总工期如下。

① 确定以上非承包者原因使工作拖延后各工作的持续时间（该时间也可直接标注在网络图上或用文字说明）。

$D_A = 7$　　$D_B = 9$　　$D_C = 6$　　$D_D = 5$　　$D_E = 6$　　$D_F = 9$

$D_G = 18$　　$D_H = 6$　　$D_I = 2$　　$D_J = 5$　　$D_K = 8$

② 写出正确的计算过程。用工作时间法计算参数和用节点时间法计算参数均可。六时标注法计算见图 4-18，四时标注法计算见图 4-19，节点时间参数计算法见图 4-20。

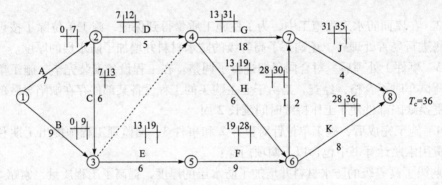

图 4-18　六时标注法参数计算

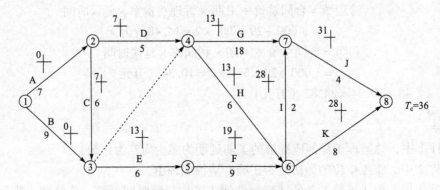

图 4-19　四时标注法参数计算

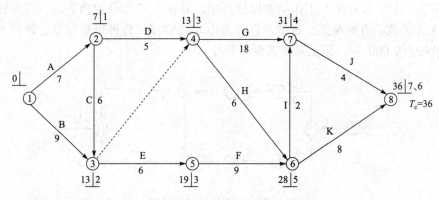

图 4-20 节点时间参数计算

③ 通过计算确定由于业主原因、不可抗力原因使工期拖延后的总工期为 36 周。

④ 36-29=7 周。

2.（1）施工单位的做法不正确；（2）在屋面防水工程施工中，施工单位应按设计文件的要求购买和使用防水材料，并按设计文件和施工规范的要求施工，不可擅自改变设计增加防水层的厚度。

3.（1）总监理工程师应批准的工期延期为 1 周；（2）理由为事件 1 处理后新的合同工期为 36 周，其中 J 工作有 1 周的总时差。

4.（1）总监理工程师对第 1 项索赔不应批准。因为这一质量保证措施并不符合设计和施工规范的要求，所以这一措施造成的成本增加应由施工单位自己承担。

（2）总监理工程师对第 2 项应批准给予施工单位费用补偿。因为业主购买的工程设备存在缺陷，设备供应厂商更换设备缺陷使施工单位停工 2 周，必然造成人工窝工和机械设备闲置等。

但施工单位所列计算方法不正确，因为管理费和利润的计算不能以合同总价为基数乘以相应费率，而应以直接费为基数乘以相应的费率来计算，所以总监理工程师不应同意以上提出的索赔费金额，应要求施工单位重新计算。

## 案例 10

### 背景

某工程项目的原施工网络进度计划（双代号）如图 4-21 所示，该工程总工期为 18 个月，在上述网络计划中，工作 C、F、J 三项工作均为土方工程，土方工程量分别为 7 000 $m^3$、10 000 $m^3$、6 000 $m^3$ 共计 23 000 $m^3$，土方单价为 25 元/$m^3$。合同中规定，土方工程量增加超出原估算工程量 15% 时，新的土方单价可从原来的 25 元/$m^3$ 变更到 23 元/$m^3$。在工程按计划进行 4 个月后（已完成 A、B 两项工作的施工），业主提出增加一项新的土方工程 N。该项工作要求的在 F 工作结束以后开始，并在 G 工作开始前完成，以保证 G 工作在 E 和 N 工作完成后开始施工，根据承包商提出并经监理工程师审查批复，该项 N 工作的土方工程量约为 9 000 $m^3$，施工时间需要 3 个月。

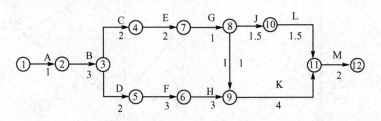

图 4-21 施工网络进度计划

根据施工计划安排，C、F、J 工作和新增加的土方工程 N 使用同一台挖土机先后施工，现承包方提出由于增加土方工程 N 后，使租用的挖土机增加了闲置时间，要求补偿挖土机的闲置费用（每台闲置 1 天为 800 元）和延长工期 3 个月。

## ? 问题

1. 增加一项新的土方工程 N 后，土方工程的总费用应为多少？
2. 总监理工程师是否应同意给予承包方施工机械闲置补偿？应补偿多少费用？
3. 总监理工程师是否应同意给予承包方工期延长？应延长多长时间？

## 答案

1. 由于在计划中增加了土方工程 N，土方工程总费用计算如下。

① 增加 N 工作后，土方工程总量为：
$$23\ 000 + 9\ 000 = 32\ 000\ m^3$$

② 超出原估算土方工程量为：$\dfrac{32\ 000 - 23\ 000}{32\ 000} \times 100\% = 39.13\% > 15\%$，土方单价应进行调整。

③ 超出 15% 的土方量为：
$$32\ 000 - 23\ 000 \times 115\% = 5\ 550\ m^3$$

④ 土方工程的总费用为：
$$23\ 000 \times 115\% \times 25 + 5\ 550 \times 23 = 78.89\ （万元）$$

2. 施工机械闲置补偿费计算。

① 不增加 N 工作的原计划机械闲置时间，见图 4-22。

在图 4-22 中，因 E、G 工作的时间为 3 个月，与 F 工作时间相等，所以安排挖土机按 C→F→J 顺序施工可使机械不闲置。

② 增加了土方工作 N 后机械的闲置时间，见图 4-23。

第4章 建设工程监理进度控制案例

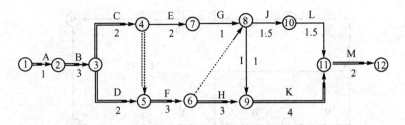

图4-22 原计划机械闲置时间计算

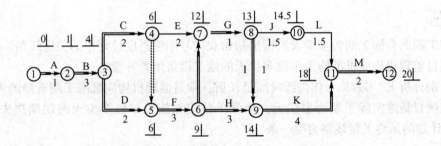

图4-23 增加N工作后机械闲置时间计算

在图4-23中，安排挖土机按C→F→N→J顺序施工，由于N工作完成后到J工作的开始中间还需施工G工作，所以造成机械闲置1个月。

③ 监理工程师应批准给予承包方施工机械闲置补偿费为：

30×800＝2.4（万元）（不考虑机械调往其他处使用和退回租赁处）

3. 工期延长计算。

根据图4-23节点最早时间的计算，算出增加N工作后，工期由原来的18个月延长到20个月，所以监理工程师应同意给承包方延长工期2个月。

# 案例11

## ◀背景

某实施监理的工程，施工单位编制的工程施工双代号网络进度计划如图4-24所示。

该计划中A、B、D要使用同一种施工机械，而施工单位可供使用的该施工机械只有一台。在此约束条件下的最短计算工期，即为合同工期。由于建设单位的原因，工作E的持续时间比原计划延长5天，工作G的持续时间比原计划延长2天。由于施工单位原因，工作K的持续时间比原计划延长10天。以上事件发生后，施工单位按合同预定的程序向建设单位提出给予该施工机械闲置补偿及顺延工期的要求。

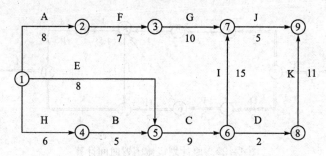

图 4-24 双代号网络进度计划

## ? 问题

1. 该工程的合同工期为多少天？指出初始双代号网络进度计划中的关键线路。
2. 项目监理机构应批准施工单位多少天的施工设备闲置补偿？
3. 分别分析 E、G、K 工作持续时间延长后，项目监理机构应批准工期索赔的天数。
4. 该项目最终实际工期为多少天？建设单位应扣施工单位多少天的误期损失赔偿费？实际执行计划的最终关键线路为哪一条？

## 答案

1. 该工程的合同工期：

（1）如无施工机械约束，则原始计划如图 4-25 所示。

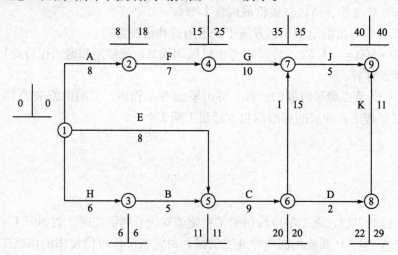

图 4-25 无施工机械约束的原始网络进度计划

（2）如考虑机械约束，则有以下两种方案。

方案① 若施工机械使用顺序为 A—B—D，则网络进度计划如图 4-26 所示。

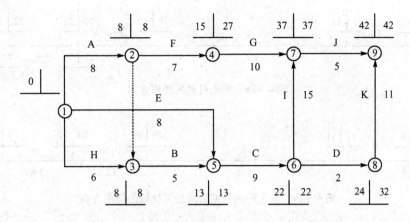

图 4-26 施工机械使用顺序为 A—B—D 的网络进度计划

方案② 若施工机械使用顺序为 B—A—D，则网络进度计划如图 4-27 所示。

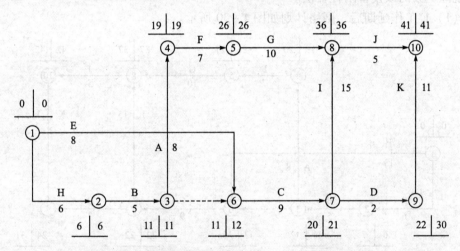

图 4-27 施工机械使用顺序为 B—A—D 的网络进度计划

（3）原始方案应为计算工期最短的方案②（施工机械使用顺序为 B—A—D）；所以，合同工期应为 41 天。

（4）初始双代号网络进度计划中的关键线路为 H – B – A – F – G – J（①-②-③-④-⑤-⑧-⑩）。

2.（1）以方案②为原始方案，在各项工作未延期以前，施工机械的使用方案如图 4-28 所示。

该施工机械共在现场停留 16 天。

（2）E 工作由于建设单位原因延期 4 天后，施工机械的使用方案如图 4-29 所示。

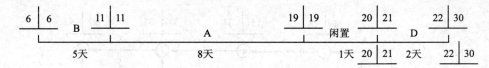

图4-28 施工机械的使用方案

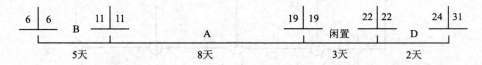

图4-29 业主原因延期后的施工机械的使用方案

该施工机械共在现场停留17天。

(3) 由于建设单位原因,使该施工机械停留时间比原计划增加1天。所以,项目监理机构应批准1天的该设备闲置补偿。

3. (1) E工作延期后,网络计划如图4-30所示。

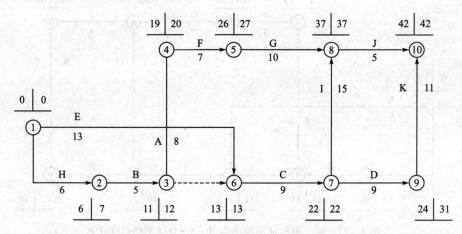

图4-30 E工作延期后网络进度计划

在原始计划中,E工作的总时差为 $12-(8+0)=4$ 天。

而因建设单位原因E工作延期5天,比其拥有的总时差多1天。因此,使合同工期顺延1天。项目监理机构应批准E工作工期索赔1天。

(2) G工作延期后,网络计划如图4-31所示。

E工作延期后,关键线路发生变化。G工作由关键工作转变为非关键工作,其拥有的总时差为 $37-(26+10)=1$ 天。而因建设单位原因G工作延期2天,比其拥有的总时差多1天。因此,使合同工期顺延1天。项目监理机构应批准G工作工期索赔1天。

(3) K工作的延期由于是施工单位造成的。所以,项目监理机构不批准工期索赔。

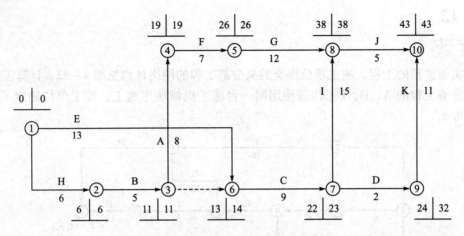

图 4-31 G 工作延期后网络进度计划

（4）因此，对于本工程项目，项目监理机构共批准工期索赔 2 天。合同工期顺延到 43 天。

4.（1）建设单位和施工单位原因导致工作持续时间延长后，项目的网络计划如图 4-32 所示。

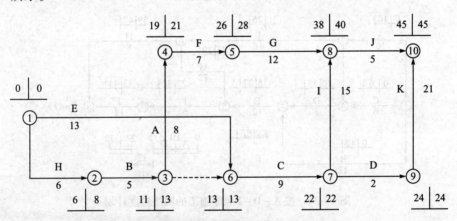

图 4-32 延期后项目的网络进度计划

（2）最终项目实际工期天数为 45 天。

（3）建设单位应扣施工单位误期损失赔偿费的天数 = 实际工作天数 - 延期后的合同工期 = 45 天 - 43 天 = 2 天。

（4）最终关键线路为：E - C - D - K（①-⑥-⑦-⑨-⑩）。

## 案例 12

### 背景

某实施监理的工程，施工单位提交的某分部工程的网络计划见图 4-33，计算工期为 44 天。该分部工程的 A、D、I 工作需使用同一台施工机械顺序施工，施工单位确定了两种施工组织方案。

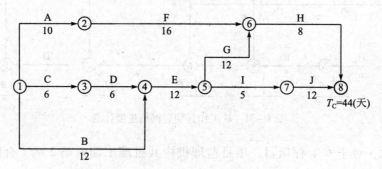

图 4-33 分部工程网络进度计划

方案 1：按 A—D—I 顺序组织施工，网络计划如图 4-34 所示。

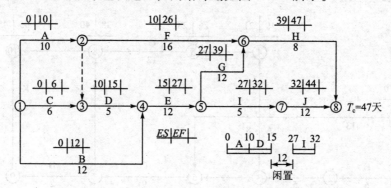

图 4-34 按 A-D-I 顺序施工的网络进度计划

方案 2：按 D—A—I 顺序组织施工，网络计划如图 4-35 所示。

专业监理工程师审核后，批准按方案 2 组织施工。施工中由于业主材料供应不及时原因，B 工作持续时间延长 5 天，由于该分部工程在工程总进度计划中为关键工作，所以施工单位提出要求延长 5 天总工期。

网络计划如图 4-36 所示。

### 问题

1. 按方案 1 组织施工，网络计划的计算工期是多少天？机械在现场的使用和闲置时间

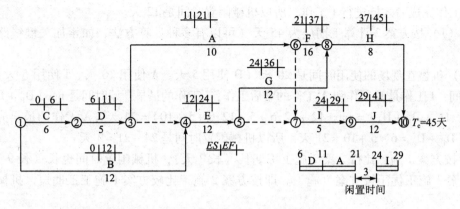

图 4-35 按 D-A-I 顺序施工的网络进度计划

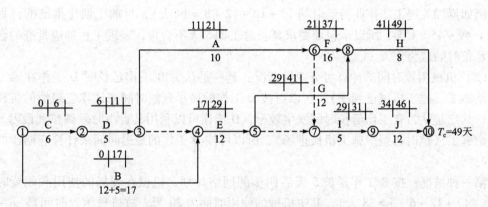

图 4-36 工作 B 时间延长 5 天的网络进度计划

各是多少天？

2. 按方案 2 组织施工，网络计划的计算工期是多少天？机械在现场的使用和闲置时间各是多少天？

3. 比较方案 1 和方案 2 的优缺点。

4. 按方案 2 组织施工时，受 B 工作持续时间延长 5 天影响，总工期延长几天合理？请说明理由。项目监理机构签发可给予施工单位费用补偿的机械闲置时间几天合理？请说明理由。

## 答案

1. （1）按方案 1 计算工期应为 47 天（可以有多种计算方法，如累加关键线路工作时间）。

（2）机械在现场的使用时间是 20 天（A 使用 10 天，D 使用 5 天，I 使用 5 天）。机械闲置时间：D 工作是 A 工作的紧前工作，所以闲置时间是 0 天，D 工作的紧后工作是 E 工作，E 工作完成后才能进行 I 工作，所以机械闲置时间是 12 天。

2.（1）按方案 2 计算工期应为 45 天（可以有多种计算方法，如累加关键线路工作时间）。

（2）机械在现场的使用时间是 20 天（D 使用 5 天，A 使用 10 天，I 使用 5 天）。机械闲置时间：I 工作是 E 工作和 A 工作的紧后工作，I 工作的最早开始时间是 $\max(D_B + D_E, D_C + D_D + D_E, D_C + D_D + D_A) = \max(12 + 12, 6 + 5 + 12, 6 + 5 + 10) = 24$ 天，A 工作的最早完成早间是 $D_C + D_D + D_A = 6 + 5 + 10 = 21$ 天，所以机械闲置时间是 $24 - 21 = 3$ 天。

3. 按方案 1 施工比按方案 2 施工工期长（长 2 天），机械闲置时间也长（长 9 天），所以按方案 2 施工优于按方案 1 施工。即按方案 2 施工比较方案 1 施工工期短，机械闲置时间短。

4.（1）由于业主原因使 B 工作延长 5 天后工程工期变为 49 天（可按任意方法计算工期，例如累加关键工作作业持续时间 $17 + 12 + 12 + 8 = 49$ 天），目前工期比批准的计划工期延长了 $49 - 45 = 4$ 天，所以承包商要求延长总工期 5 天不合理，监理工程师应批准的合理的工期延长时间应为 4 天。

（2）机械闲置时间的计算可分两种情况：其一是认为 B 工作延长时 D 工作在第六天已经开始施工（施工机械已到场），所以可按 D 工作的最早开始时间来计算应赔偿的机械闲置时间；其二是认为 B 工作延长时间发生较早，D 工作可以利用其自由时差调整到最迟开始时间开始施工（这时再组织施工机械进场），所以可按 D 工作的最迟时间来计算应赔偿的机械闲置时间。

第一种情况：按 B 工作延长 5 天后调整的网络计划，机械在现场的使用和闲置时间为 28 天（$17 + 12 - 6 + 5 = 28$ 天），其中机械的使用时间为 20 天，故机械闲置时间是 $28 - 20 = 8$ 天。监理工程师应批准赔偿的机械闲置时间应为 5 天（$8 - 3 = 5$ 天）。

第二种情况：按 B 工作延长 5 天后调整的网络计划，D 工作的最迟开始时间可以安排在第 10 天（$49 - 8 - 16 - 10 - 5 = 10$）开始，机械在现场的使用和闲置时间为 24 天（$17 + 12 + 5 - 10 = 24$ 天），其中机械的使用时间为 20 天，故机械闲置时间是 $24 - 20 = 4$ 天。监理工程师应批准赔偿闲置时间应为 1 天（$4 - 3 = 1$ 天）。

## 案例 13

### 背景

某委托监理的工程，施工合同工期为 20 个月，土方工程量为 28 000 $m^3$，土方单价为 18 元/$m^3$。施工合同中规定土方工程质量超出原估计工程量 15% 时，新的土方单价应调整为 15 元/$m^3$。经监理工程师审核批准的施工进度计划如图 4-37 所示（时间单位：月）。其中工作 A、E、J 共用一台施工机械且必须顺序施工。

该工程施工过程中发生了以下事件。

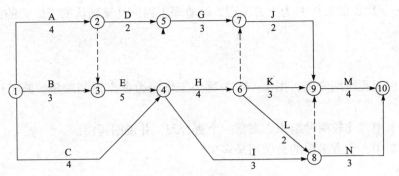

图 4-37 施工进度计划图

**事件 1** 当该计划执行 3 个月后,建设单位提出增加一项新的工作 F。根据施工组织的不同,工作 F 可有两种安排方案:方案 1,如图 4-38 所示;方案 2,如图 4-39 所示。经监理工程师确认,工作 F 的持续时间为 3 个月。

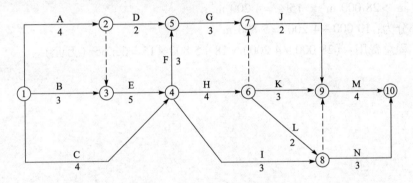

图 4-38 方案 1 施工进度计划

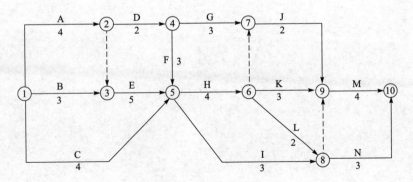

图 4-39 方案 2 施工进度计划

事件2 所增加的工作F为土方工程，经监理工程师复核确认的工作F的土方工程量为 10 000 m³。

### ? 问题

1. 为确保工程按期完工，图4-37中哪些工作应为重点控制对象？施工机械闲置的时间是多少？

2. 事件1中，比较两种组织方案哪一个更合理，并说明理由。

3. 事件2中，土方工程的总费用是多少？

### 答案

1. 重点控制对象为A、E、H、K、M工作；施工机械闲置时间为4个月。

2. 方案1工期为21个月，机械闲置时间为6个月；方案2工期为20个月，机械闲置时间为4个月；所以，方案2更合理，工期短，机械闲置时间少。

3. 新增F工作增加土方工程量10 000 m³，超出原估算土方工程量的15%；

10 000 m³ > 28 000 m³ × 15% = 4 200 m³；

超出部分为：10 000 - 4 200 = 5 800 m³

土方工程总费用：(28 000 + 4 200) × 18 + 5 800 × 15 = 66.66（万元）。

# 第5章 建设工程监理合同管理案例

## 案例 1

### 背景

某石油化工总厂投资建设一项乙烯工程。项目立项批准后,业主委托一监理公司对工程的实施阶段进行监理和相关服务。在委托过程和合同履行过程中发生了以下事件。

事件1 双方拟订设计方案竞赛、设计招标和设计过程各阶段的监理服务任务时,业主提出了初步的委托意见,内容如下:

(1) 编制设计方案竞赛文件;
(2) 协助业主发布设计竞赛公告;
(3) 对参赛单位进行资格审查;
(4) 组织对参赛设计方案的评审;
(5) 决定工程设计方案;
(6) 编制设计招标文件;
(7) 对投标单位进行资格审查;
(8) 协助业主选择设计单位;
(9) 签订工程设计合同;
(10) 工程设计合同实施过程中的管理;
(11) ……

……

事件2 由于设计单位的原因,使监理服务工作受阻并延误了工期,增加了监理服务的工作量。总监理工程师采取了以下应对措施:

(1) 及时通报了业主;
(2) 向业主指出事件可能产生的影响;
(3) 向业主提出由此增加的工作量应视为正常工作量;
(4) 向业主指出完成监理的业务时间应延长;
(5) 按照实际工作量和业务时间向业主索取额外酬金;
(6) 提出由业主承担监理单位相关的其他经济损失。

事件3 合同履行过程中,施工单位未经监理单位同意擅自施工,违反承包合同规定,使某分部工程质量达不到设计要求,并导致进度拖延,影响总工期一个月。

事件4　由于业主原因违反委托监理合同中的某些条款，且由于工程项目实际情况发生变化，致使监理单位不能全部或部分执行监理业务，总监理工程师及时采取了如下措施：
（1）发生业主违反合同条款事项，立即正式发函通知业主；
（2）导致监理服务成本增加，通知业主；
（3）要求业主提前支付监理酬金；
（4）遇到要求变更或解除合同时，在42日前通知对方。

## 问题

1. 事件1中，从监理服务工作的性质和监理工程师的责权角度出发，监理单位在与业主进行合同委托内容磋商时，应对以上内容提出哪些修改建议？并说明理由。
2. 事件2中，逐条分析总监理工程师采取的应对措施哪些是正确的？哪些是错误的？并分别说明理由。
3. 事件3中，监理单位是否应承担监理责任？并说明理由。
4. 事件4中，总监理工程师采取的措施哪些是正确的？哪些是错误的？并分别说明理由。

## 答案

1. 监理单位在与业主进行合同委托内容磋商时，应向业主讲明有些关系到对工程项目有重大影响的事项，必须由业主决策确定，监理工程师可以提出参考意见，但不能代替业主决策。

建议修改：

第（5）条"决定工程设计方案"。因工程项目的方案关系到项目的功能、投资和最终效益，故设计方案的最终确定应由业主决定，监理工程师可以通过组织专家进行综合评审，提出推荐意见，说明优缺点，由业主自主决策。

第（9）条"签订工程设计合同"。工程设计合同应由业主与设计单位签订，监理工程师可以通过设计招标，协助业主择优选择设计单位，提出推荐意见，协助业主起草设计委托合同，但不能替代业主签订设计合同，设计合同的甲方——业主作为当事人一方承担合同中甲方的责、权、利，监理工程师是代替不了的。

2. 总监理工程师采取的应对措施正确的如下。
（1）及时通报了业主；理由是和业主及时沟通，使业主掌握工程实际情况。
（2）向业主指出事件可能产生的影响；理由是使业主对事件影响正确作出评估。
（4）向业主指出完成监理的业务时间应延长；理由是设计单位的原因使监理服务工作受阻并延误了工期。
（5）按照实际工作量和业务时间向业主索取额外酬金；理由是属于监理单位的权利。

总监理工程师采取的应对措施错误的如下。
（3）向业主提出由此增加的工作量应视为正常工作；理由是应为附加工作量。

(6) 提出由业主承担监理单位相关的其他经济损失；理由是其他经济损失无法界定。

3. 监理单位不承担责任，因某分部工程质量达不到设计要求并导致影响总工期是施工单位违反承包合同规定，未经监理单位同意擅自施工造成的。

4. 总监理工程师采取的应对措施正确的如下。

（1）发生业主违反合同条款事项，立即正式发函通知业主；理由是可以及时指出业主违约，及时协调解决。

（2）导致监理服务成本增加，通知业主；理由是可以及时和业主协商补偿事宜。

（4）遇到要求变更或解除合同时，在42日前通知对方；理由是符合委托监理合同范本规定。

总监理工程师采取的应对措施错误的如下。

（3）要求业主提前支付监理酬金；理由是应按合同约定的时间和方式支付。

## 案例 2

### 背景

某钢铁厂生产车间建设工程，建设单位与监理单位签订了委托监理合同，并在2010年1月和甲施工单位按《建设工程施工合同（示范文本）》签订工程总承包合同。

在工程施工过程中发生了以下事件。

事件1 开工前，甲施工单位将该工程施工任务下达给公司所属第四施工队。第四施工队直接与某乡建筑工程队签订了工程分包合同，由乡建筑工程队分包主体结构施工任务。

事件2 2010年3月，在地方建设行政主管部门组织的百日质量、安全大检查中，发现某乡建筑工程队承包手续不符合有关规定，被项目监理机构责令停工。某乡建筑工程队不予理睬，为此，甲施工单位正式下达停工文件，要求某乡建筑工程队停工，某乡建筑工程队不服，以分包合同经双方自愿签订，并有营业执照为由，诉至人民法院，要求第四施工队继续履行合同或承担毁约责任并赔偿经济损失。

事件3 2010年4月，甲施工单位与市水泥厂签订了两份水泥购销合同，其中一份是300吨水泥的现货合同，每吨单价为109.5元，总金额为32 850元，约定5月1日交货；另一份是400吨水泥的期货合同，初步议定每吨109.5元，但合同上又注明："所订价格若需调整，供方应及时通知需方，征得需方同意即按协商价执行；如需方不同意，则合同停止。"两份合同还规定，如供方不能按时交货，应承担需方的经济损失，按未交货货款总额的5%偿付违约金。300吨现货合同，经工商行政管理部门鉴证后，需方按合同规定交预付款16 425元，供方单位在供给需方100吨水泥后，当时是5月份，正是建筑旺季，市场对水泥大量需求，供方认为有利可图，便以高价私自将水泥卖给其他施工单位，以致不能按照合同向需方如期如数交货，造成需方直接经济损失达1 200万元。2010年10月，需方向法院提起诉讼，提出如下诉讼请求：① 将预付款16 425元双倍返还；② 赔偿全部经济损失；

③ 按两份合同的总金额之 5% 偿付违约金；④ 继续履行合同。

## 问题

1. 事件 1 中，依法确认总承包合同和分包合同是否具有法律效力？请说明理由。该合同的法律效力应由哪个机关（机构）确认？
2. 事件 2 中，项目监理机构责令某乡建筑工程队停工是否正确？请说明理由。
3. 事件 2 中，某乡建筑工程队提供的承包工程法定文书是否完备？请说明理由。
4. 事件 2 中，合同纠纷属于哪一方的过错，由哪一方承担责任？人民法院对该合同纠纷应如何处理？
5. 事件 3 中的水泥购销合同是否有效？纠纷的责任如何界定？
6. 事件 2 中，对需方向法院提起的诉讼请求应如何处理？

## 答案

1. （1）总承包合同有效，分包合同无效。
（2）因第四施工队不具备法人资格，无合法授权；第四工程队将主体工程的施工任务发包给某乡建筑工程队施工，属非法转包行为。
（3）该合同应由人民法院或仲裁机构确认无效。

2. （1）不正确；（2）因某乡建筑工程队是分包单位，项目监理机构应把停工要求下达给甲施工单位。

3. （1）不完备；（2）因某乡建筑工程队只交验了营业执照，缺少建筑企业资质证书。

4. （1）双方均有过错，应分别承担相应的责任；（2）人民法院应依法宣布分包（实为转包）合同无效，终止合同，由甲施工单位按规定支付已完合格工程量的实际费用（不含利润），甲施工单位不承担违约责任。

5. （1）事件 3 中的水泥购销现货合同依法成立，且为有效合同；水泥购销期货合同因当事人双方需就价格进一步协商，因而未成立。
（2）根据事件 3 中的事实，本案属于合同履行方面的纠纷，因供方（水泥厂）未按合同的约定按期如数向需方（甲施工单位）交付水泥而引起。导致纠纷的责任方是供方，由于供方认为有利可图，便以高价将水泥卖给其他单位，从而造成违约。

6. 需方向法院提起的诉讼请求处理意见：
① 供方向需方支付违约金，违约金的数额为 1 095 元（109.5×200×5%）；
② 供方向需方支付赔偿金，赔偿金的数额为 18 905 元；
③ 合同继续履行，供方向需方交付余下的 200 吨水泥；
④ 诉讼费由供方承担。

## 案例 3

### 背景

某修缮公司于 2010 年初刚刚取得营业执照,即得知某综合修配厂准备修建 6 间宿舍房屋,即与该厂取得联系,要求承包该厂的建房工程。

综合修配厂委托监理公司监理,并协助综合修配厂与修缮公司签订了建设工程承包合同,合同主要条款规定:修缮公司为综合修配厂承建平房 6 间(建筑面积约 120 平方米),工程采用包工包料方式承包,合同价为 49 280 元,综合修配厂 4 月 1 日预付工程款 28 000 元,修缮公司收到工程预付款后开始施工,6 月 30 日工程竣工并交付使用后进行工程结算。

合同签订后,综合修配厂预付工程款 28 000 元,修缮公司也即开始正式施工。6 月初,修缮公司提出原订工程承包合同约定的工程费用过低,要求提高合同价款。项目监理机构未同意,修缮公司便撤出了工程施工现场。为此,项目监理机构签发监理文件要求修缮公司继续施工,而修缮公司以要求增加工程造价为条件不肯复工。

合同期限届满后,综合修配厂向法院提出起诉,以修缮公司违反建设工程承包合同约定的履行期限,单方先行解除合同为由,要求修缮公司退回预付的工程款中未支用的部分、承担违约金、解除合同。

修缮公司在答辩中指出,该合同不能继续履行的原因是综合修配厂给付的工程款太低,加之材料涨价,按原合同履行是不合理的,如要履行合同,必须提高工程总造价;如若解除合同,则不退工程预付款,不承担违约责任。

法院受理此案后,首先就合同内容的法律效力,以及双方当事人的权利能力、行为能力进行了认真的审查。查明综合修配厂修建的宿舍已按基本建设程序申报、获准,并履行了所需手续。而修缮公司经工商行政管理部门登记核准的业务范围只是维修房屋,他们既无承建房屋的法律许可,也不具备承建房屋的能力和条件。他们在履行合同时,主要技术工人都是临时从其他单位聘请的。其次,法院还邀请专业技术部门审查了双方约定的建设工程承包合同的承包形式、取费标准是否符合法律规定,并对修缮公司承建的房屋的质量、实际使用的工程材料、工时、费用等进行了审查,结论是双方所签合同的承包方式、取费标准是符合法律规定的,已完成的工程质量基本符合建筑规范的要求,根据实际发生所需费用 16 500 元。

### 问题

1. 本案中的建设工程承包合同是否有效?请说明理由。
2. 分析导致该合同无效的主要责任方和次要责任方。
3. 根据法院查明的事实,对该事件,项目监理机构应提出哪些处理意见?

### 答案

1. (1) 本案中的建设工程承包合同为无效合同;(2) 因根据法院查明的事实,承包方修缮公司经工商行政管理部门核准的业务范围只是维修房屋,他们既无承建房屋的法律许可，也不具备承建房屋的能力和条件，因此属于超范围经营、超资质等级签订合同，该合同因主体不合格而无效。

2. 导致该合同无效，主要责任在修缮公司；但综合修配厂和项目监理机构在签订合同时不进行资格审查，也应承担一定责任。

3. 根据法院查明的事实，对该事件，项目监理机构应提出以下处理意见：

（1）认定合同无效、终止履行；

（2）修缮公司返还综合修配厂的预付款，但鉴于工程质量符合建筑规范要求，实际发生费用21 500元，因此应扣除实际发生的费用，实返还6 500元；

（3）双方由此造成的损失各自承担；

（4）诉讼费由修缮公司承担3/4，综合修配厂承担1/4。

## 案例4

### 背景

某工程项目，建设单位委托某监理单位承担施工招标和施工监理任务。

该工程实施过程中发生了以下事件。

事件1　工程施工招标阶段，监理单位和业主组织了资格预审后，向7家合格的投标申请人发售了招标文件。在招标文件规定的开标日期召开了开标大会，除到会的7家投标单位有关人员外，监理单位还邀请了市公证处公证员参加开标大会。开标前公证处公证员提出应对各投标单位的投标资格进行审查。监理工程师对公证员提出的这一程序提出质疑。

事件2　评标委员会对投标文件初评时，对甲建筑公司的投标文件提出疑问，该公司所提交的商务标材料种类与份数齐全，有法人单位盖的公章，有项目负责人签字。可是评标委员会坚持认定甲建筑公司的投标文件为废标，取消了其进入详评阶段的资格。

事件3　通过招标，建设单位和乙施工单位签订了施工总承包合同。合同约定，乙施工单位可以将地下防水工程分包。施工中为了赶工期，在雨季前做完地下防水工程，建设单位代表选择了一家专业防水施工队，将地下防水工程分包了出去（合同尚未签署），并向监理单位和乙施工单位发了通知，要求乙施工单位配合防水分包单位施工。乙施工单位向项目监理机构提出异议。

事件4　开工后5个月，因建设单位资金紧缺，未能及时支付工程进度款，口头要求乙施工单位暂停施工，乙施工单位亦口头答应停工一个月。工程按合同规定期限完工，建设单位发现工程质量存在问题，要求返工。两个月后，返工完毕。乙施工单位要求结算时，建设单位认为乙施工单位迟延交付工程，应偿付逾期违约金。乙施工单位认为：由于建设单位资金紧缺要求临时停工一个月，并不得顺延完工日期，乙施工单位是为抢工期才出现了质量问题，因此迟延交付的责任不在乙施工单位。建设单位则认为：临时停工和不顺延工期是乙施工单位当时同意的，其应当履行承诺，承担违约责任。

事件5 由于事件4的纠纷，工程迟迟没有组织验收，但部分工程建设单位已开始使用。使用中发现工程还存在质量问题，遂要求乙施工单位修理。乙施工单位则认为工程未经验收建设单位提前使用，出现质量问题，乙施工单位不再承担修理责任。

## ❓ 问题

1. 事件1中，监理工程师为什么对公证员提出的"审查投标资格"这一程序提出质疑？
2. 事件2中，为什么评标委员会坚持认定甲建筑公司的投标文件为废标？请说明理由。
3. 事件3中，建设单位代表的做法是否正确？请说明理由。对乙施工单位提出的异议，项目监理机构应按什么程序协调处理？分包单位施工完毕后，向项目监理机构报送工程款支付申请，项目监理机构应如何处理？
4. 事件4中，建设单位和乙施工单位口头的合同变更是否有效？请说明理由。建设单位是否应当赔偿乙施工单位停工一个月的实际损失？请说明理由。乙施工单位为抢工期出现质量问题返工，延期交付工程是否应当支付逾期违约金？请说明理由。
5. 事件5中，工程未经验收建设单位提前使用，可否视为工程已交付，乙施工单位不再承担保修责任？乙施工单位不再承担修理责任的说法是否正确？监理单位应如何处理？

## 答案

1. 因为投标单位的资质审查，已经在资格预审时完成，不应在开标会议上审查。
2. 甲建筑公司投标文件没有法定代表人签字。若由项目负责人签字时，应提交公司法定代表人的授权委托书，否则项目负责人签字没有法律效力。显然甲建筑公司提供不了法定代表人对项目负责人的授权委托书，所以评标委员会坚持认定甲建筑公司的投标文件为废标。
3. (1) 建设单位代表的做法不正确；理由：建设单位代表肢解工程进行分包，违反总承包合同约定；建设单位代表未通过监理单位直接向施工单位发通知，违反监理合同约定。

(2) 对乙施工单位提出的异议，项目监理机构应按下列程序协调有关方的关系：

① 总监理工程师签发监理通知，召开有关方协调会，中止建设单位违约行为；

② 由乙施工单位选择分包单位后，报送项目监理机构对分包单位进行审核和确认，项目监理机构审核确认后报建设单位；

③ 督促乙施工单位与分包单位签订分包合同。

(3) 分包单位施工完毕后，向项目监理机构报送工程款支付申请，项目监理机构应按下列程序处理：

① 退回分包单位的申请；

② 在乙施工单位对分包单位的工程质量检查验收合格的基础上，项目监理机构检查验收；

③ 乙施工单位报送该部位工程进度款结算申请书后，审查确认，签署工程款支付单进行结算。

4.（1）建设单位和乙施工单位口头的合同变更无效；理由：合同法规定，变更合同应当采取书面形式，本案中建设单位要求临时停工并不得顺延工期，是建设单位与乙施工单位的口头协议；其变更协议的形式违法，是无效的变更，双方仍应按原合同规定执行。

（2）建设单位应当赔偿乙施工单位停工一个月的实际损失；因施工期间建设单位未能及时支付乙施工单位工程进度款，应对停工承担责任。

（3）乙施工单位应当支付逾期违约金。因工程质量有问题进行返工，造成逾期交付，责任在乙施工单位。

5.（1）建设单位提前使用未经验收的工程，可视为建设单位已接收该项工程，但不能免除乙施工单位负责保修的责任。

（2）乙施工单位不再承担修理责任的说法不正确。

（3）监理单位应及时协调解决双方纠纷。督促乙施工单位承担保修责任，及时维修工程；督促建设单位尽快验收工程，办理工程结算。

# 案例 5

## 背景

某歌舞剧团新建一个跨度 24 米的轻钢结构训练房，委托某监理公司实施施工阶段监理。施工单位是一家符合资格要求的总承包公司，双方按《建设工程施工合同（示范文本）》签订了建筑安装工程施工合同，合同价为 3 000 万元。合同中还规定"本合同经公证后生效"，但合同签订后，双方却没有去办理公证手续。

该工程施工过程中发生了以下事件。

事件 1  结构工程施工时，施工单位与某构件加工厂签订了钢结构构件加工承揽合同，合同中规定由施工单位提供钢材原材料，构件加工厂负责加工构件，总加工费为 36 万元。施工单位根据加工承揽合同约定，向构件加工厂支付了 12 万元的定金，并提供了 50% 的钢材原材料。

项目施工中歌舞剧团改变了工程设计，压缩了工程规模。施工单位也向构件加工厂提出变更加工承揽合同，减少钢构件加工数量，但构件加工厂不同意变更合同，施工单位便停止供料，至加工承揽合同期满，构件加工厂将加工完的构件已送往施工单位，收取加工费 18 万元，扣除定金 12 万元，构件加工厂实际收取费用 6 万元。构件加工厂对施工单位支付的加工费用不满，向项目监理机构提出，要求施工单位支付加工费 18 万元，支付违约金 12 万元，不返还定金 12 万元。

事件 2  工程主体结构的 40 根 H 型焊接钢柱，原计划在结构表面涂刷二遍醇酸磁漆，每吨钢结构醇酸磁漆单价为 210 元/吨。消防部门认为不符合防火要求，变更为表面涂刷 4 mm 厚的防火涂料，施工单位要求项目监理机构确认新的单价为 380 元/$m^2$（按钢柱表面积计算）。

事件3　主体结构施工完毕,在选定屋面工程施工分包单位时,歌舞剧团要求选择A分包单位,但施工单位坚决反对,而项目监理机构也有充分的理由不同意选定A分包单位。而业主也不肯让步。

事件4　工程结算时,施工单位根据合同约定,提出歌舞剧团应该补偿事件1和事件2给施工单位造成的实际损失,歌舞剧团以合同约定"本合同经公证后生效",但双方没有办理公证手续,所以合同无效为由拒绝补偿。

## ? 问题

1. 事件1中,加工承揽合同的当事人哪一方违约?违约损失最终由哪一方承担?请说明理由。

2. 事件2中,施工单位要求项目监理机构确认新的单价是否正确?请说明理由。项目监理机构应按什么原则认定该防火涂料的综合单价?请列出计算公式。

3. 事件3中,项目监理机构是否应当向歌舞剧团行使确认分包单位的否决权?项目监理机构应如何协调该事件?

4. 事件4中,歌舞剧团的说法是否正确?请说明理由。

## 答案

1. (1) 加工承揽合同的当事人中施工单位违约。(2) 违约损失最终由歌舞剧团承担。(3) 理由:加工承揽合同中施工单位的违约是由于歌舞剧团变更工程规模引起的,施工单位向构件加工厂承担违约责任,支付违约金和赔偿金后,可以向歌舞剧团主张权利,要求其支付相应的损失。

2. (1) 施工单位要求项目监理机构确认新的单价不正确。(2) 理由:变更调整的工程价款,须报监理工程师审核,由发包人确认后执行。(3) 项目监理机构对该防火涂料单价的认定原则为:

① 合同中已有适用变更工程价格的,按已有的价格;

② 合同中只有类似变更工程价格的,可以此为基础确定价格;

③ 合同中没有类似和适用价格的,由承包人提出适当的价格,报监理工程师审核,经发包人确认后执行。

(4) 计算公式为:

$$防火涂料综合单价 = [(钢柱涂刷表面积 \times 防火涂料单价380元/m^2) - (钢柱重量 \times 醇酸磁漆单价210元/吨)] \times (1 + 综合费率)$$

3. (1) 不应使用否决权。(2) 应召开歌舞剧团和施工单位参加的协调会,听取歌舞剧团和施工单位的观点,并阐明项目监理机构的观点:屋面工程是主要分部工程之一,根据合同约定应由施工单位自行安排施工;有充分的理由说明A分包单位不具备分包条件,歌舞剧团不宜推荐A分包单位分包屋面工程;最后形成会议纪要,纪要中应表明:若歌舞剧团硬性指令A分包单位分包屋面工程,监理单位将不承担屋面工程在使用过程中可能出现质量问题的一切责任。

4.（1）歌舞剧团的说法不正确。（2）理由：当事人双方均实际履行了合同，可视为对约定要进行公正的条款的解除，该合同有效。

## 案例 6

### 背景

某实施监理的工程，业主与具有施工一级资质的 A 施工单位按《建设工程施工合同（示范文本）》签订了建筑安装工程施工合同。合同签字人是 A 施工单位法定代表人，合同价为 3 500 万元；工程预付款为 350 万元；合同工期为 12 个月，开工日期为 1 月 15 日；违约金以违约部分的工程项目总价款的 5% 计算，延迟付款时每日利息以应支款项总金额的 0.3‰ 计算。

该工程施工过程中发生了以下事件。

事件 1　开工前，专业监理工程师检查 A 施工单位派驻现场的项目经理 B 的资格证明文件时，B 项目经理提交了其与 A 施工单位签订的劳动合同和法定代表人委托书等相关证明文件。

事件 2　工程完成产值 850 万元后，A 施工单位将 B 项目经理更换为 C 项目经理。专业监理工程师审查发现：

（1）B 项目经理和 A 施工单位并没有劳动合同关系，属个体包工头，B 项目经理与业主将工程承包意向达成共识后，找至 A 施工单位法定代表人寻求施工资质。A 施工单位法定代表人同意了 B 项目经理的要求，并向其提供了资质证书、营业执照，签发了法定代表人委托书和虚假的劳动合同。

（2）C 项目经理与 A 施工单位具有劳动合同关系，当 A 施工单位决定更换为 C 项目经理，在办理移交时发现部分预付款没有转入建筑安装工程施工合同中明确的账户，而是依 B 项目经理的要求转入其他账户。A 施工单位账面收款与业主付款有较大差额，C 项目经理无法组织施工。

事件 3　工程完成产值 1 500 万元时，项目监理机构根据业主要求，于 7 月 20 日向 A 施工单位发出监理工程师通知单，提出工程要在本年度 12 月 20 日竣工，要求 A 施工单位采取赶工措施，调整进度计划。A 施工单位对这一要求不予理睬，至 7 月 27 日仍不作出书面答复。7 月 31 日，业主以 A 施工单位不能按要求年底竣工为由正式发文通知 A 施工单位："本公司决定解除建筑安装工程施工合同，望贵公司予以谅解和支持。"同时限期 A 施工单位撤出工地，致使 A 施工单位无法继续履行施工合同义务，A 施工单位由此损失工程措施费、工程器材费及其他费用 609 万元。业主 90 天后才支付了该笔费用。

## ❓ 问题

1. 事件1中，B项目经理提交的证明文件中还应包括哪些资格证明文件？
2. 针对事件2，根据专业监理工程师审查发现的问题，分析建筑安装工程施工合同是否有效？并说明理由。
3. 事件2中，A施工单位更换项目经理应满足哪些条件？业主将部分预付款依B项目经理的要求转入其他账户是否构成违约？
4. 事件3中，A施工单位认为监理工程师的指令不合理，根据合同条款应如何处理？
5. 事件3中，如果认定业主违约，业主应交违约金、赔偿金数额分别是多少？业主延迟90天支付A施工单位解除合同的损失，该付的利息是多少？

## 📌 答案

1. 还应该包括一级建造师资格证书或项目经理资格证书。

2. （1）建筑安装工程施工合同有效。（2）理由：合同当事人具有相应的民事权利能力和民事行为能力；合同当事人意思表示真实；不违反法律或者社会公共利益。

3. （1）根据施工合同通用条款规定，A施工单位更换项目经理应满足：应至少提前7天以书面形式通知发包人，并征得发包人同意；后任继续行使合同文件约定的前任的职权，履行前任的义务。（2）业主将部分预付款依B项目经理的要求转入其他账户构成了违约。

4. 如果A施工单位认为监理工程师的指令不合理，根据合同条款：应在收到指令后24小时内向监理工程师提出修改指令的书面报告，监理工程师在收到A施工单位报告后24小时内作出修改指令或继续执行原指令的决定，并以书面形式通知A施工单位。紧急情况下，监理工程师要求A施工单位立即执行的指令或A施工单位虽有异议，但监理工程师决定仍继续执行的指令，A施工单位应予执行。因指令错误发生的追加合同价款和给A施工单位造成的损失由业主承担，延误的工期相应顺延。

5. （1）认定业主违约时，业主应交违约金(3 500 − 1 500)×5% = 100万元，赔偿金609万元；（2）业主延迟90天支付A施工单位解除合同的损失，该付延迟付款利息609×0.3‰×90 = 16.443万元。

# 案例7

## ◀ 背景

某工业工程厂房工程，厂房内为钢筋混凝土设备基础，上面安装设备。业主委托某监理单位承担施工监理任务，并与甲施工单位签订了工程总承包合同、与乙施工单位签订了设备安装施工合同。两个施工单位协调后，甲施工单位编制并向项目监理机构提交了工程网络进度计划（计算工期等于合同工期），如图5-1所示。该进度计划已经项目监理机构审核批准。

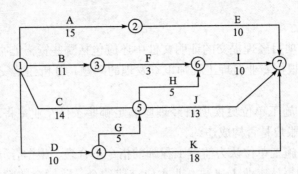

图 5-1 工程施工网络进度计划（时间单位：周）

该工程施工过程中发生了以下事件。

事件 1　某沟槽深 2.5 米，设计规定的放坡系数为 0.3，但甲施工单位为防止下雨造成塌方，开挖时加大了放坡系数，造成土方工程量增加，使 A 工作的持续时间延长 1 周。甲施工单位要求计量增加的这部分土方量，支付其费用并顺延工期 1 周。

事件 2　工程施工进入夏季用电高峰期，非甲施工单位原因在一个月内累计停电 1 周，造成 D 工作的施工持续时间延长 1 周。甲施工单位提出工期顺延 1 周与费用补偿的要求。

事件 3　由于进入雨季，连日下雨使一处市政下水管线在甲施工单位工地附近管路爆裂，涌出水流淹没了该建设项目的另一单项工程施工工地（不影响甲施工单位的施工）。为保证整个建设项目的施工进度，专业监理工程师指令甲施工单位协助另一单项工程施工工地排除积水，甲施工单位提出对由此发生的额外设备费及排水费补偿的要求。

事件 4　除上述影响工期的事件外，因业主延期交图，B、C 工作持续时间各延长 3 周；施工中发现化石，使 J 工作持续时间延长 3 周；业主干扰，使 K 工作持续时间延长 2 周；由甲施工单位劳动力安排不足，使 C、J 工作持续时间各延长 2 周。甲施工单位根据合同约定，一揽子向监理工程师提出工程延期意向通知，完工后提出详细申述报告，要求工期延期 12 周。

事件 5　土建工程施工完毕，乙施工单位按计划将材料及设备运进现场准备施工。经检测发现有近 1/6 的设备预埋螺栓位置偏移过大，无法安装设备，须返工处理。安装工作因基础返工而受到影响，乙施工单位向项目监理机构提出索赔。

? 问题

1. 事件 1 中，项目监理机构是否应批准甲施工单位提出增加土方量计量并支付其费用的要求？并说明理由。

2. 事件 2 中，项目监理机构是否应批准甲施工单位提出工期顺延 1 周与费用补偿的要求？并说明理由。

3. 事件 3 中，项目监理机构是否应批准甲施工单位提出的额外设备费及排水费补偿的要求？并说明理由。

4. 事件4中，甲施工单位的要求是否合理？项目监理机构合计批准甲施工单位工期顺延总共多少周？

5. 事件5中，乙施工单位的损失应由谁负责？为什么？乙施工单位提出索赔要求，项目监理机构应如何处理？

## 答案

1.（1）项目监理机构不应该批准甲施工单位提出增加土方量计量并支付其费用的要求。（2）项目监理机构必须根据设计图纸标注的实际尺寸计量工程数量，对甲施工单位超出设计图纸尺寸增加的工程量不予计量。因此，加大放坡系数造成的土方量增加的工程量不能予以计量。

2.（1）项目监理机构应该批准甲施工单位提出的要求。（2）按规定一周内非承包方原因造成停电、停水、停气累计超过8小时，承包方可进行索赔。非甲施工单位原因在一个月内累计停电1周，造成D工作的施工持续时间延长1周，由于D工作是关键工作，所以，根据工期延长和延误的索赔原则，甲施工单位索赔成立，应批准延长被耽误的工期并给予费用补偿。

3.（1）项目监理机构应该批准甲施工单位提出的要求。（2）此工作量是根据专业监理工程师的指令完成的额外工作，应予以认可。专业监理工程师可通过详细计算或比照类似工程的单价提出其认为合理的单价或价格，并与甲施工单位共同商定。

4.（1）甲施工单位的要求不合理。（2）项目监理机构合计批准甲施工单位工期顺延总共33周。

① 用标号法求出原计划的关键线路和计算工期（图5-2），即得合同工期30周。

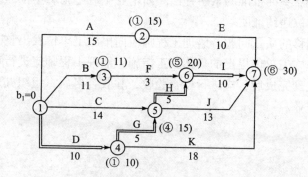

图5-2 原始网络进度计划

② 按合同规定，由承包商以外的原因使工期拖延，承包商有权要求工期索赔。

③ 承包商责任使A延长1周，C、J各延长2周外，其余的拖延时间均属业主责任。

④ 将业主责任拖延时间加在原计划相应工作上，用标号法找出关键线路和新的计算工期33周（图5-3）。

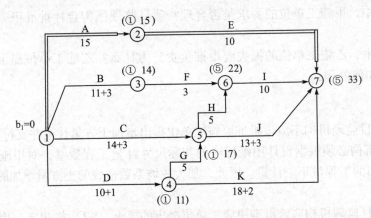

图 5-3 业主原因拖延时间后的网络进度计划

⑤ 业主责任延期 33-30=3 周。项目监理机构应批准的延期为 3 周。

5.（1）乙施工单位的损失应由业主负责，因乙施工单位和业主有合同关系，业主没能按合同规定提供乙施工单位施工工作条件，使安装工作不能按计划进行。业主应承担由此引起的损失（乙施工单位与甲施工单位没有合同关系，虽然安装工作受阻是由于甲施工单位施工质量问题引起的，但不能直接向甲施工单位索赔）。业主可根据合同规定，向甲施工单位提出赔偿要求或给予其处罚。

（2）监理工程师收到乙施工单位索赔要求后，应审核索赔要求，进一步核实由此引起的损失金额和延误的工期，并组织业主和乙施工单位进行协商，协商一致的形成文件报业主批准，监理工程师还需签证批准的索赔补偿。如果业主对甲施工单位提出赔偿要求，监理工程师应提供甲施工单位违约证明。

对于地脚螺栓偏移的质量问题，监理工程师应向甲施工单位发出整改通知，要求甲施工单位返工处理，对甲施工单位提出的具体施工措施，监理工程师应进行审核，并严格监督检查施工处理情况，处理完成后，应进行检查验收，验收合格后，组织办理移交签证，交由乙施工单位进行安装作业。

## 案例 8

### 背景

某监理单位承担一单层工业厂房项目施工阶段的监理工作，该工业厂房平面尺寸 150 m × 300 m，柱网 15 m × 15 m，天然地基，独立柱基础 560 个，主体为全钢结构，钢结构制作安装工程量 4 000 吨。

建设单位和施工单位签订的施工承包合同约定如下。

（1）非施工单位责任发生的窝工人工费以每工日 25 元计；遇需停工事项，项目监理机构提前一周通知施工单位时不以窝工计,以补偿费每工日支付 10 元。

(2) 机械设备台班费:塔吊每台班 1 200 元;混凝土搅拌机每台班 350 元;砂浆搅拌机每台班 180 元。机械设备因窝工而闲置时,只考虑折旧费,按台班费 70% 计。

(3) 临时个别工序停工不补偿管理费和利润。

开工前,施工单位按合同工期编制了施工进度计划,并获得确认批准,其中基础工程为 90 天,主体钢结构制作安装为 240 天。

该工程施工过程中发生了以下事件。

事件 1　在基础工程施工阶段,由于雨季影响及施工单位对流水作业施工方案的实施组织落实不力,机械挖土、人工清槽、浇筑混凝土垫层、支模、浇筑混凝土基础等工序不能连续作业,导致时过 60 天基础工程只完成一半,施工单位向项目监理机构提出延长工期的申报。项目监理机构为控制基础分部工程的进度,指令施工单位立即编制调整计划,并建议施工单位改变施工方案,采取相应措施,以确保基础分部工程 90 天内完成。施工单位向项目监理机构申报,提出因雨季气候影响属不可抗力因素(非合同约定的不可抗力因素范围),基础分部工程要求延长工期 30 天。

事件 2　在主体钢结构吊装阶段,由于钢构件品种较多,钢构件制作不能满足吊装进度,实际完成量与原计划相比,拖延工期 60 天。项目监理机构向施工单位发文,要求其采取措施,加快钢构件制作进度,保证主体钢结构制作安装在计划的 240 天内完成。施工单位称"由于建设单位提供的钢结构施工图设计深度不够、没有施工大样图,我们主动找设计单位多次都没有得到解决,我方只能自行绘制用于施工,所以影响主体钢结构制作安装工期两个月,要求延长工期两个月"。

事件 3　工程施工到 6 月份,8 日至 21 日,因建设单位负责购买的钢材未按时到货(建设单位已于 5 月 30 日通知到了施工单位),使施工单位一台塔吊、一台混凝土搅拌机和 35 名支模工人停工。20 日至 21 日,因电网停电使施工单位一台砂浆搅拌机和 30 名砌筑工人停工。22 日至 23 日,因砂浆搅拌机机械故障使 22 名抹灰工人停工。

# ❓ 问题

1. 事件 1 中,项目监理机构可否同意施工单位提出的要求?请说明理由。项目监理机构建议施工单位改变施工方案,采取相应措施的指令性文件《监理工程师通知单》的内容应该怎样写?

2. 事件 2 中,施工单位的要求是否正确?请说明理由。针对施工单位的说法,项目监理机构如何答复施工单位?

3. 事件 3 中,施工单位在有效期内提出费用索赔时,项目监理机构应批准的合理补偿金额是多少?

# 答案

1. 项目监理机构不能同意施工单位关于因雨季气候影响要求延长工期 30 天的申报,因为施工单位在安排计划时应该考虑到气候的影响。

《监理工程师通知单》的内容：

贵单位报来关于因气候影响，要求基础分部工程延长30天工期的申报，不能被接受。基础分部工程的施工，时过2/3，而只完成1/2的工程量，雨季气候影响是个不可排除的因素，但属于应该预见到的风险事件，主要原因是你们在施工方案实施上组织落实不力，存在问题。你们在连续施工方面，工序间隔时间长，作业面利用不够合理，现建议你们在流水作业面上采取连续作业的施工方案。鉴于基础分部工程的施工时间只剩30天，而工程量尚有1/2，要求你们增加设备、劳力，合理利用施工面，组织平行作业，采取综合措施，以确保基础分部工程在计划的90天内完成。

2.（1）施工单位的要求不正确。（2）理由：因建设单位及项目监理机构没有指令施工单位绘制施工大样图，施工单位没有权利自行绘制且用于施工，所以不可能得到工期补偿。

（3）项目监理机构答复施工单位：

贵单位以钢结构施工图设计深度不够、没有施工大样图找设计单位不能及时解决为由，贵单位自行设计拖延工期，要求索赔工期的报告，不能被接受。作为国家一级企业，施工图有问题应该向监理单位报告，在各种会议上，你方从未提出钢结构施工图存在上述问题，现你方代设计单位出图属违法行为。为了解决这一问题，你们可将施工大样图提交设计单位，由设计单位签证后交建设单位，再由监理公司签发给你们。由于贵单位违反了设计变更程序，由此延误的工期不予补偿。

3. 项目监理机构应批准的合理补偿金额：

（1）窝工机械闲置费，按合同机械闲置只计取折旧费。

塔吊1台：$1\,200 \times 70\% \times 14 = 11\,760$（元）

混凝土搅拌机1台：$350 \times 70\% \times 14 = 3\,430$（元）

砂浆搅拌机1台：$180 \times 70\% \times 2 = 252$（元）

因砂浆搅拌机机械故障停用2天不给予补偿。

小计：$11\,760 + 3\,430 + 252 = 15\,442$（元）

（2）窝工人工费。

支模工人：$10 \times 35 \times 14 = 4\,900$（元），因业主已于1周前通知承包商，故只支付补偿费。

砌筑工人：$25 \times 30 \times 2 = 1\,500$（元）

因砂浆搅拌机机械故障使22名抹灰工人停工，不予补偿。

小计：$4\,900 + 1\,500 = 6\,400$（元）

（3）临时个别工序停工不补偿管理费和利润，故合理的索赔金额应为：

$15\,442 + 6\,400 = 21\,842$（元）。

## 案例 9

### 背景

某实施监理的工程，业主与施工单位按《建设工程施工合同（示范文本）》签订了施工承包合同，合同约定：合同工期为 120 天；承包范围是甲、乙、丙三个生产车间，分别由基础工程、结构安装工程、围护结构及装修等分部工程组成；主要工程材料由建设单位采购供应。

总监理工程师批准的施工网络进度计划如图 5-4 所示。

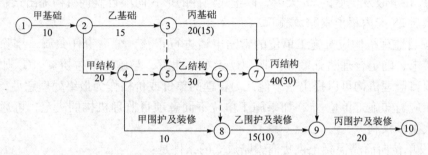

图 5-4 施工网络进度计划

该工程施工过程中发生了以下事件。

事件 1  乙生产车间基础工程施工时，专业监理工程师发现建设单位采购供应的部分钢筋不合格，造成施工单位该分部工程停工待料 9 天。施工单位在停工后第 10 天，向项目监理机构提交了有关证据文件，提出工期延期 9 天和人工费、机械闲置费等共计 6.8 万元的停工损失索赔。

事件 2  丙生产车间基础工程施工时，钢筋混凝土杯形基础浇注后，专业监理工程师发现其混凝土 28 天强度达不到设计要求，鉴定结果是该批钢筋混凝土杯形基础需立即拆除、重新施工。经查实，该工程质量事故是由于建设单位购买的商品混凝土不合格造成的。

事件 3  结构安装工程施工到第 27 天时，工作 1-2，工作 2-4 已经按原计划完成，工作 2-3 也已完成，其他工作尚未开始。这时施工单位向项目监理机构提出工期延期 2 天的索赔，并出具了索赔证据，项目监理机构接到索赔意向通知和索赔报告审查后，认可施工单位的索赔理由和证据，但一直未予答复施工单位。

### 问题

1. 事件 1 中，项目监理机构是否应当批准施工单位的索赔？请说明理由。
2. 针对事件 2，施工单位应在何时提出索赔要求？项目监理机构应如何处理该项索赔？
3. 针对事件 2，写出建设单位向商品混凝土供货商索赔应具备的条件。
4. 事件 3 中，施工单位提出的索赔理由是否成立？并说明理由。项目监理机构是否已经批准了施工单位的索赔？并说明理由。如果合同约定的工期不允许拖延，施工单位应如何调整该进度计划？施工单位按原计划的合同工期完工，会引起哪些潜在的索赔发生？

### 答案

1.（1）项目监理机构应当批准施工单位的4天的工期索赔；因乙生产车间基础工程不是关键工作，但该工作只有5天的总时差，所以影响总工期4天。

（2）项目监理机构应当批准施工单位的费用索赔；因施工单位在合同规定的时间内提出索赔意向和索赔证据，且造成停工的责任不属于施工单位。

2.（1）在事故发生后的28天内，以正式函件的形式向项目监理机构提出索赔申请，并于提出申请后28天内报出索赔数额。

（2）项目监理机构应对施工单位的索赔申请进行审核，分清责任归属，剔除施工单位的不合理要求，确定合理赔款额和工期顺延天数。此后，与施工单位协商。① 如果双方达成协议，项目监理机构可以提出一个他认为合理的单价或价格作为最终处理意见，并报送建设单位，相应通知施工单位。② 如果施工单位不同意项目监理机构的决定，可通过协商或仲裁的方式主张权利。

3. 建设单位向商品混凝土供货商索赔成立的条件是：
① 对建设单位已造成实际的额外经济损失和工期损失；
② 造成损失的原因不属于建设单位而属于商品混凝土供货商；
③ 该风险根据供货合同规定，不属于建设单位承担的风险；
④ 事件发生后在规定时限内提出书面索赔，并出示有效的索赔证据。

4.（1）网络计划时间参数计算（图5-5）：

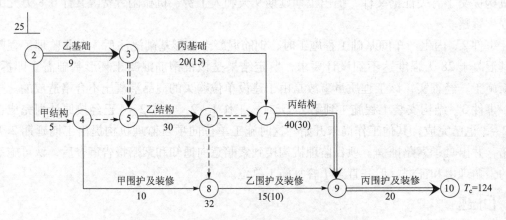

图5-5 施工到第25天时的施工网络进度计划

（2）该工程施工总进度计划中关键线路为：甲基础—甲结构—乙结构—丙结构—丙围护及装修。受事件1影响，乙结构的计划开始时间是第35天（结构安装工程第25天），但

结构安装工程施工到第 27 天时,乙结构不能按计划开始,导致结构安装工作停窝工 2 天。施工单位在合同规定的 28 天内提交了索赔意向通知,项目监理机构接到索赔意向通知和索赔报告审查后也认可索赔理由和证据,所以,施工单位提出的索赔理由能够成立。

(3)可以视为项目监理机构已经同意施工单位提出的索赔,因项目监理机构没有在合同规定的时限内答复(项目监理机构收到施工单位提交的索赔报告和有关资料后,应该在 28 天内给予施工单位答复),应视为该项索赔已经被认可。

(4)如果合同约定的工期不允许拖延,施工单位应考虑缩短关键工作丙结构(即工作 7-9)的作业持续时间,丙结构(工作 7-9)作业持续时间的缩短值为 6 天,即由原来的 40 天缩短为 34 天,可以满足约定的合同工期不被拖延。

(5)这样压缩工期会引起施工单位因赶工而需增加赶工措施费、施工降效费等补偿费的潜在索赔发生。

## 案例 10

### 背景

某施工单位承包了一项,与业主采用 FIDIC《土木工程施工合同条件》签订了施工合同,合同工期为 20 个月,工作内容为修建一条公路和一座跨越公路的人行天桥,合同总价为 400 万美元,公司管理费费率为 7%,现场管理费费率为 12%,利润率为 5%。

该工程施工过程中发生了以下事件。

事件 1 由于发现设计图纸存在错误,专业监理工程师通知施工单位:部分工程暂停施工,待图纸修改后再继续施工。使施工单位总工期拖延 1.5 个月。施工单位提出工期索赔 1.5 个月;费用索赔:使 3 台设备停工损失 1.5 个月。

汽车吊:45 美元/台班 ×2 台班/日 ×37 工作日 = 3 330 美元
空压机:30 美元/台班 ×2 台班/日 ×37 工作日 = 2 220 美元
辅助设备:10 美元/台班 ×2 台班/日 ×37 工作日 = 740 美元

| 小计 | 6 290 美元 |
| 现场管理费 | 754.8 美元 |
| 公司管理费 | 440.3 美元 |
| 利润 | 314.5 美元 |
| 合计 | 7 799.6 美元 |

事件 2 由于施工场地上方的既有高压电力线需要电力部门迁移后施工单位才能施工,造成工程总工期拖延 2 个月。施工单位提出工期索赔 2 个月;费用索赔:等待高压电力线迁移停工 2 个月的管理费和利润,因合同总价为 400 万美元,合同工期为 20 个月,则每月管理费为:

$$4\,000\,000\text{ 美元} \times 20 \times 12\% = 24\,000\text{ 美元/月}$$

两个月损失现场管理费为 24 000 × 2 = 48 000 美元

另加公司管理费和利润损失 48 000 × 12% = 5 760 美元

本项合计损失费用为 53 760 美元。

事件 3  由于业主的要求,施工单位增加了额外工程,经监理工程师批准总工期顺延 1.5 个月,并且对该额外工程业主同意按同类型工程原来所报单价以新增工程量给予补偿。施工单位提出工期索赔 1.5 个月;费用索赔:新增工程要求补偿现场管理费 24 000 美元/月 × 1.5 月 = 36 000 美元。

事件 4  在夏季施工过程中,因施工合同文件约定的建筑材料计划运输道路受大雨影响损坏严重,建筑材料不能按约定的道路运输,施工单位改道运输使运输路线长度增加了一倍,且道路等级也比原合同约定的计划行驶道路等级低。由于施工单位当时急于抢工期,并与合同管理部门没有进行及时的信息沟通,对于建筑材料运输路线改变事件引起的费用增加没有提出索赔,到年终结算发现亏损时,才对由此事件引起的费用增加向业主提出索赔。

## 问题

1. 事件 1 中,施工单位计算的因窝工而造成的机械费损失是否正确?请说明理由。
2. 事件 2 中,施工单位计算的现场管理费索赔额是否正确?请说明理由。
3. 事件 3 中,项目监理机构是否应批准补偿施工单位 1.5 个月的现场管理费?请说明理由。
4. 事件 4 中,施工单位的索赔存在什么问题?写出项目监理机构确定施工单位索赔值估算的程序。

## 答案

1. 施工单位计算的因窝工而造成的机械费损失不正确;因该处此费不能按机械台班费计算,而应按折旧费率或租赁费计算。

2. 施工单位计算的现场管理费索赔额不正确;因该费不能用合同总价为基数乘以管理费率,而应用直接成本价为基数乘以管理费率计算。

3. 项目监理机构不应批准补偿全部 1.5 个月现场管理费;因项目监理机构已同意按单价乘以新增工程量作为对新增工程的补偿,而所用单价中已包含现场管理费。批准的补偿时间应该首先比照合同中相同(或相似)工程报价时的工期,折算出新增工程的工期,再将其从 1.5 个月减去。

4. (1) 引起索赔事件发生后的 28 天内提出索赔意向通知监理工程师,而施工单位没做到,使提出索赔时间超限(超过 28 天);承包商没有同期记录,并得到监理工程师的认可;提交最终索赔报告已超时限。

(2) 施工单位可按工程变更提出索赔值估算;业主和施工单位对索赔值估算意见不一致,由项目监理机构组织协调,协商不成可由项目监理机构提出估价;双方对索赔值估算还有意见可申请仲裁或诉讼。

## 案例 11

### 背景

某实施监理的工程,业主与某承包商按 FIDIC《土木工程施工合同条件》签订了施工合同,在施工合同《专用条件》中双方约定:

"本合同系综合单价合同,合同内所含各项目的费率或价格不应考虑变动。除非变更工程项目涉及的款额超过合同总价的2%,以及在该项目下实施的实际工程量超过或少于暂估工程量清单中所注工程量的20%以上时,才可变动其费率或价格"。

"工程有效合同价为765万元,计日工单价为25.0元/日,价格调整系数为1.15,滞留金为8%,工程师签发进度款证书的最小金额为100万元"。

"该工程招标书中暂估工程量清单中钢筋混凝土浇注桩的工程量为1 218.57 $m^3$,承包商的报价为764元/$m^3$"。

该工程实施中发生了如下事件。

事件1 施工前承包商提出,监理工程师发布变更指令都涉及费用的增减。下列条款会导致合同价的变化,都应由业主支付有关费用:

(1) 根据监理工程师的指示,承包商进行工程量表中没有规定的作业;

(2) 承包商按工程图纸放线并经监理工程师检查,施工中发现放线有误,且非图纸有误,承包商纠正这些差错所需费用;

(3) 发生应由业主承担的风险,承包商根据监理工程师指示进行的清理,补修所需费用;

(4) 监理工程师指示对工程任何部分的形式、数量或质量的变更;

(5) 在缺陷责任期,监理工程师指示承包商进行应负责任的修补费用;

(6) 合同中没有规定,监理工程师指示承包商所进行的与工程有关的工作所发生的费用。

事件2 在桩基施工前监理工程师签发了由设计单位提出的,业主认可的加密基础钢筋混凝土浇注桩的变更令。业主发现桩基实际工程量可能会超过暂估工程量的20%,于是,向监理工程师提出,由于工程变更使某项工作的实际工作量比投标时工程量清单中的暂估工作量超过或减少20%时,该项目即应调整费率或价格。

事件3 桩基础施工后经监理工程师检验符合质量要求,并计量确认钢筋混凝土浇注桩的工程量为1 522.50 $m^3$。经协商新的单价为735元/$m^3$,桩基完工后承包商提出的结算报表如下。

承包商结算报表

(1) 永久性工程:1 522.50×764=116.319(万元)

(2) 桩基设备进出场费:1.5万元

(3) 计日工:25元/日×450工日=1.135(万元)

(4) 管理费：(116.319 + 1.5 + 1.135) × 14% = 16.654（万元）

(5) 已到货材料设备预付款：4 万元

(6) 本月应得款额：(116.319 + 1.5 + 1.135 + 16.654 + 4) × (1.15 − 8%) = 149.611（万元）

经监理工程师对承包商结算报表数据的核实，计日工为 250 个，已运到工地的材料设备预付款为 3.7 万元。

### ? 问题

1. 事件 1 中，承包商的说法是否正确？监理工程师发布的哪些变更指令会导致合同价的变化？

2. 事件 2 中，业主提出实际工作量比暂估工作量超过或减少 20% 时，该项目即应调整费率或价格的说法是否正确？请说明理由。

3. 事件 3 中，桩基工程的单价应不应调整？为什么？

4. 事件 3 中，监理工程师应如何审定该结算报表？请说明理由。监理工程师将如何签发付款证书？

### 答案

1. 承包商的说法不正确。监理工程师只有发布下列变更指令，才会导致合同价的变化：

(1) 根据监理工程师的指示，承包商进行工程量表中没有规定的作业；

(3) 发生应由业主承担的风险，承包商根据监理工程师指示进行的清理、补修所需费用；

(4) 监理工程师指示对工程任何部分的形式、数量或质量的变更；

(6) 合同中没有规定，监理工程师指示承包商所进行的与工程有关的工作所发生的费用。

2. 不正确。因合同中规定："变更工程项目涉及的款额超过合同总价的 2%，以及在该项目下实施的实际工程量超过或少于暂估工程量清单中所注工程量的 20% 以上时，才可变动其费率或价格"。

3. 桩基单价应当调整。因为变更桩基工程涉及的款额(1 522.5 − 1 218.57) × 764/7 650 000 = 3.04%，已超过合同总价的 2%；且桩基工程实际工程量与暂估清单工程量相比，(1 522.5 − 1 218.57)/1 218.57 = 24.94%，超过 20%，所以应变动其费率或价格。

4. 对所报结算的审定如下。

(1) 永久性工程：

1 218.57 × 1.2 × 764 = 111.718（万元），超过 20% 以内的工程量应按原单价计价。

(1 522.5 − 1 218.57 × 1.2) × 735 = 4.426（万元），超过 20% 以上部分的工程量按新单价计价。

小计：111.718 + 4.426 = 116.144（万元）。

(2) 桩基设备进出厂费：不应计取，因已包括在综合单价中。
(3) 计日工费：250×25 = 0.625（万元）。
(4) 管理费：不应计取，因此费已摊销在综合单价中。
(5) 已到材料、设备预付款 3.7（万元）。
以上各项合计：116.144 + 0.625 + 3.7 = 120.469（万元）
(6) 付款证书：
① 本次结算应得款 120.469×1.15 = 138.539（万元）
② 本次结算应扣款 120.469×8% = 9.638（万元）
③ 本次结算应付款 138.539 − 9.638 = 128.901（万元）
④ 付款证书：由于 128.901（万元）>100（万元）最小付款额，所以本次签发 128.901 万元的付款证书。

## 案例 12

### 背景

某综合小区在施工阶段，业主委托了一家监理单位进行施工阶段的监理，在施工过程中出现了以下情况，请逐一回答。

### 问题

1. 在管道施工过程中遇到障碍物，承包单位向监理方提出对设计更改的要求，专业监理工程师审查后，同意变更，并提交设计单位编制设计变更文件，设计单位完成设计变更文件后交监理方审核，由专业监理工程师签发工程变更单。

以上设计变更程序哪里不妥？为什么？

2. 设计变更发生后，工程造价减少 2 万元，工期延长 3 天，承包单位认为是自己合理化建议导致工程造价减少，且各方已同意变更，因此承包单位要求顺延工期 3 天，并获得 2 万元的收益。

监理工程师是否同意？为什么？

3. 根据承包合同的约定，由监理单位确认资格的桩基工程分包公司进场施工，在工程开始前桩基公司向监理单位提交桩基施工方案，报监理方审核，总监理工程师组织专业监理工程师审核后予以批准。

(1) 该施工方案审核程序是否正确？ (2) 如果不正确，指出不正确之处，为什么？ (3) 请按步骤给出该施工方案的审核程序。

4. 在地基基础分部工程完工后，由专业监理工程师组织施工、设计单位进行验收，并填写验收记录。

桩基公司作为分包方是否参加验收？

## 答案

1. (1) 专业监理工程师审查同意变更不妥，应改为总监理工程师组织专业监理工程师审查后，同意变更。

(2) 监理方提交设计单位编制设计变更文件不妥，应改为建设单位审查同意并提交设计单位。

(3) 设计单位完成设计变更文件后交监理方审核不妥，应改为交建设单位签认，由总监理工程师签发工程变更单。

2. (1) 工期顺延3天同意，因为设计变更的发生非承包人责任造成，且设计变更已获各方同意。

(2) 不同意2万元全由承包方获益，按合同示范文本规定，应由监理方协调，发承包双方另行约定分享。

3. (1) 该施工方案的审核程序不正确。

(2) 不正确之处为：

① 桩基公司向监理单位提交施工方案不正确；

② 监理单位接受桩基公司的施工方案审核要求不正确。

理由：桩基公司为分包单位。

(3) 该施工方案正确的审核程序为：

① 开工前桩基公司将施工方案报总承包单位；

② 总承包公司按规定审核后，填写"施工方案报审表"交监理单位审核；

③ 总监理工程师组织专业监理工程师审查承包单位报送的施工方案及"报审表"提出审查意见；

④ 总监理工程师审核、签认后报建设单位。

4. 桩基公司作为分包单位应该参加地基基础分部的验收。

## 案例 13

### 背景

某房产公司开发一框架结构高层写字楼工程项目，在委托设计单位完成施工图设计后，通过招标方式选择监理单位和施工单位。

中标的施工单位在投标书中提出了桩基础工程、防水工程等的分包计划。在签订施工合同时业主考虑到过多分包可能会影响工期，只同意桩基础工程的分包，而施工单位坚持都应分包。

在施工过程中，房产公司根据预售客户的要求，对某楼层的使用功能进行调整（工程变更）。

第 5 章　建设工程监理合同管理案例

在主体结构施工完成时，由于房产公司资金周转出现了问题，无法按施工合同及时支付施工单位的工程款。施工单位由于未得到房产公司的付款，从而也没有按分包合同规定的时间向分包单位付款。

### ? 问题

1. 房产公司不同意桩基础工程以外其他分包的做法有理吗？为什么？
2. 根据施工合同示范文本和监理规范，项目监理机构对房产公司提出的工程变更按什么程序处理？
3. 施工单位由于未得到房产公司的付款，从而也没有按分包合同规定的时间向分包单位付款，妥当吗？为什么？

### 答案

1. 无理。因为投标书是要约，房产公司合法地向施工单位发出的中标通知书即为承诺，房产公司应根据投标书和中标通知书为依据签订施工合同。

2. 根据《建设工程施工合同》示范文本，应在工程变更前 14 天以书面形式向施工单位发出变更的通知。根据《建设工程监理规范》，项目监理机构应按下列程序处理工程变更。

① 建设单位应将拟提出的工程变更提交总监理工程师，由总监理工程师组织专业监理工程师审查；审查同意后由建设单位转交原设计单位编制设计变更文件；当工程变更涉及安全、环保等内容时，应按规定经有关部门审定。

② 项目监理机构应了解实际情况和收集与工程变更有关的资料。

③ 总监理工程师根据实际情况、设计变更文件和有关资料，按照施工合同的有关条款，在指定专业监理工程师完成一些具体工作后，对工程变更的费用和工期做出评估。

④ 总监理工程师就工程变更的费用和工期与承包单位和建设单位进行协调。

⑤ 总监理工程师签发工程变更单。

⑥ 项目监理机构应根据工程变更单监督承包单位实施。

3. 不妥。因为建设单位根据施工合同与施工单位进行结算，分包单位根据分包合同与施工单位进行结算，两者在付款上没有前因后果关系，施工单位未得到房产公司的付款不能成为不向分包单位付款的理由。

## 案例 14

### 背景

某监理公司承担了一体育馆施工阶段（包括施工招际）的监理任务。经过施工招标，业主选定 A 工程公司为中标单位。在施工合同中双方约定，A 工程公司将设备安装、配套工程和桩基工程的施工分别分包给 B、C 和 D 三家专业工程公司，业主负责采购设备。

该工程在施工招标和合同履行过程中发生了下述事件：

施工招标过程中共有6家公司竞标。其中F工程公司的投标文件在招标文件要求提交投标文件的截止时间后半小时送达；G工程公司的投标文件未密封。

### ？问题

1. 评标委员会是否应该对这两家公司的投标文件进行评审？为什么？

桩基工程施工完毕，已按国家有关规定和合同约定做了检测验收。监理工程师对其中5号桩的混凝土质量有怀疑，建议业主采用钻孔取样方法进一步检验。D公司不配合，总监理工程师要求A公司给予配合，A公司以桩基为D公司施工为由拒绝。

2. A公司的做法妥当否？为什么？

若桩钻孔取样检验合格，A公司要求该监理公司承担由此发生的全部费用，赔偿其窝工损失，并顺延所影响的工期。

3. A公司的要求合理吗？为什么？

业主采购的配套工程设备提前进场，A公司派人参加开箱清点，并向监理工程师提交因此增加的保管费支付申请。

4. 监理工程师是否应予以签认？为什么？

C公司在配套工程设备安装过程中发现附属工程设备材料库中部分配件丢失，要求业主重新采购供货。

5. C公司的要求是否合理？为什么？

### 答案

1. 对F不评定，按《招标投标法》，对逾期送达的投标文件视为废标，应予拒收。

对G不评定，按《招标投标法》，对未密封的投标文件视为废标。

2. A公司的做法不妥，因A公司与D公司是总分包关系，A公司对D公司的施工质量问题承担连带责任，故A公司有责任配合监理工程师的检验要求。

3. A公司的要求不合理，由业主而非监理公司承担由此发生的全部费用，并顺延所影响的工期。

4. 监理工程师应予签认，业主供应的材料设备提前进场，导致保管费用增加，属发包人责任，由业主承担因此发生的保管费用。

5. C公司提出的要求不合理，C公司不应直接向业主提出采购要求，业主供应的材料设备经清点移交，配件丢失责任在承包方。

## 案例 15

### 背景

某工程，建设单位通过招标选择了一具有相应资质的监理单位承担施工招标代理和施工阶段监理工作，工程实施过程中发生了如下事件。

事件1 该工程施工招标采用公开招标方式,共有6家投标单位投标,在开标及评标工程中出现如下情况:

(1) A投标单位的报价为8 000万元,为次低投标价,经评审后推荐其为中标候选人;

(2) B投标单位在开标后又提交一份补充材料,提出可降价10%;

(3) C投标单位提交的银行投标保函金额超过了招标文件要求的金额;

(4) D投标单位投标文件的投标函盖有企业及企业法定代表人的印章,但没有加盖项目负责人的印章;

(5) E投标单位与其他投标单位组成了联合体投标,附各方的资质证书,但无协议书;

(6) F投标单位的报价最低,在开标后第二天撤回了其投标文件。

事件2 经评审,A投标单位被确定为中标人,发出中标通知书后,建设单位与A投标单位进行了合同谈判,希望A投标单位再压缩工期、降低费用。经协商:不压缩工期,但降低投标报价3%。

事件3 工程开工前,A施工单位安排现场技术员负责编制深基坑支护与降水工程专项施工方案,并安排质量检查员兼施工现场安全员,随即组织现场施工。

事件4 施工过程中,专业监理工程师在现场巡视时,发现脚手架未组织验算,存在重大安全隐患,立即报告了总监理工程师,总监理工程师随即向施工单位下达了《工程暂停令》,并报告了建设单位,但施工单位拒不停止施工。签发工程暂停令之后的第5天,脚手架在季节性大风的作用下部分倒塌,造成人员3死3重伤。

### ❓ 问题

1. 分析A、B、C、D、E单位的投标文件是否有效?对无效的投标文件,说明理由。对F单位撤回投标文件行为如何处理?

2. 针对事件2,《招标投标法》对中标后签订合同做了哪些规定?该工程的合同价应是多少?

3. 针对事件3,项目监理机构应如何处理?

4. 就事件4中所发生的安全事故,请指出监理单位是否承担责任,并说明理由。

### 答案

1. (1) A单位投标文件有效;B单位原投标文件有效,补充材料无效,因为投标文件是要约,要约生效后,不能就实质性内容进行变更;C单位投标文件有效;D单位投标文件有效;E单位投标文件无效,因为联合体投标必须有共同投标协议。

(2) 没收F单位的投标保证金,给招标人造成的损失超过投标保证金时,要求其赔偿超出部分。

2. (1) 发出中标通知书后的30天内,招标人与中标人依据招标文件和投标文件签订合同;合同签订后,不得另行订立背离合同实质性内容的其他协议。

(2) 合同价为A投标单位的投标报价:8 000万元。

3.（1）要求施工单位组织相关人员编制深基坑支护与降水工程专项施工方案，并进行安全验算；

（2）要求施工单位组织专家对专项施工方案论证、审查合格后，由施工单位技术负责人签字；

（3）要求施工单位提交《专项施工方案报审表》附相关资料；

（4）总监组织专业监理工程师审查合格后，由总监理工程师签字；如审查不合格，由总监理工程师书面通知施工单位修改后重新报审；

（5）要求施工单位配备专职安全管理人员进行现场监督。

4. 承担责任，因为施工单位拒不停止施工的，监理单位应当及时向有关主管部门报告。

## 案例 16

### 背景

某建设工程，建设单位通过招标分别与甲、乙施工单位签订了施工合同。建设单位与乙施工单位在合同中约定：电梯由建设单位负责采购。乙施工单位按照合同约定将安装工程分包给丙施工单位。

在施工过程中发生了如下事件。

事件1 建设单位在采购电梯时，电梯厂家提出由自己的施工队伍进行安装更能保证质量，建设单位便与厂家订立了电梯供货和安装合同，并通知了监理单位和乙施工单位。

事件2 土方工程开挖，甲施工过程中，遇到非季节性特大暴雨，持续2天，导致基坑坍塌，场内外主要交通道路被冲毁，施工单位清完坍塌土和修复完道路后及时向项目监理机构提交了索赔报告，其内容如下：

（1）暴雨持续2天，索赔工期2天，人员窝工费2万元，机械损坏修理费3万元，机械窝工费1万元，现场管理费0.7万元；

（2）基坑坍塌后土方清理费5万元，工期延长3天；

（3）修复通向施工现场的场外道路1天，增加人工费1.5万元，机械费0.8万元，材料费4万元；

（4）修复施工场内主要交通道路2天，增加人工费3万元，机械费1.5万元，材料费5万元。

以上费用索赔合计27.5万元，工期索赔合计8天。

事件3 主体工程即将封顶时，乙施工单位书面通知监理工程师："我方现已停工待款。理由：按照合同约定应于20天收到的工程进度款，我方已两次发出要求付款的书面通知，建设单位至今尚未作出任何表示。因停工造成的一切损失应由建设单位承担，望监理工程师公正地处理此次停工事宜。"

事件4 专业监理工程师对进场电梯进行检验时，发现主要部件不合格，建设单位对该电梯进行了更换,从而导致丙施工单位被迫停工。因此,丙施工单位致函监理单位,要求补偿其被迫停工所遭受的损失并延长工期。

## ? 问题

1. 事件1中,建设单位将电梯交由厂家安装的做法是否正确?为什么?若乙施工单位同意由电梯厂家安装,监理单位应该如何处理?

2. 事件2中,逐条指出上述索赔要求是否成立?并说明原因。监理工程师应批准的索赔总额为多少?

3. 事件3中,根据《建设工程施工合同(示范文本)》的规定,乙施工单位停工的理由是否妥当?并说明原因。监理工程师收到乙施工单位书面通知后应如何处理此次停工事宜?

4. 事件4中,丙施工单位的索赔要求是否应该向监理单位提出?为什么?

## 答案

1. (1) 不正确,因为建设单位与乙施工单位签订的施工合同包含电梯安装任务。

(2) 处理:

① 审查电梯厂家的安装资质证书;

② 如合格,并且乙施工单位同意电梯安装任务由建设单位单独发包,则协助建设单位变更与乙施工单位签订的施工合同;如乙施工单位只同意电梯厂家作为分包单位,则协助建设单位变更与电梯厂家签订的电梯供货与安装合同;

③ 如不合格,建议建设单位放弃电梯厂家的安装任务,仍由丙施工单位完成安装任务。

2. (1) 中"索赔工期2天"成立,因非季节性特大暴雨属于不可抗力,建设单位应承担工期损失风险(或工期应给予顺延)。

"人员窝工费、机械损坏修理费、机械窝工费、现场管理费"不成立,因不可抗力事件发生后,根据风险分担的原则,施工单位应承担这些费用。

(2) 成立,因不可抗力造成工程损坏(或基坑坍塌)是建设单位应承担的风险。

(3) 成立,因保证场外道路通畅是建设单位的责任。

(4) 成立,因保证场内道路通畅是建设单位的责任。

应批准费用索赔总额20.8万元;应批准工期索赔总额8天。

3. (1) 妥当,因建设单位未按约定时间支付工程进度款,乙施工单位已发出要求付款的通知,建设单位接到通知后既没有付款,也未与施工单位达成延期付款协议,因此导致的停工建设单位应承担违约责任。

(2) 处理:① 书面通知建设单位:"乙施工单位已按合同约定的程序停止施工";② 建议建设单位支付工程款或与乙施工单位达成延期付款协议;③ 记录并确认此次停工给乙施工单位造成的损失,延误的工期相应顺延。

4. 不应向监理单位提出,因为丙施工单位是分包单位,与建设单位没有合同关系,只能向乙施工单位提出。

## 案例 17

### 背景

某工程项目采用预制钢筋混凝土管桩基础，业主委托某监理单位承担施工招标及施工阶段的监理任务。因该工程涉及土建施工、沉桩施工和管桩预制，业主对工程发包提出两种方案：一种是采用平行发包模式，即土建、沉桩、管桩制作分别发包；另一种是采用总分包模式，即由土建施工单位总承包，沉桩施工及管桩制作列入总承包范围再分包。

### 问题

1. 施工招标阶段，监理单位的主要工作内容有哪几项？
2. 如果采取施工总分包模式，监理工程师应从哪些方面对分包单位进行管理？主要手段是什么？
3. 对管桩生产企业的资质考核在上述两种发包模式下，各应在何时进行？考核的主要内容是什么？
4. 在平行发包模式下，管桩运抵施工现场，沉桩施工单位可否视其为"甲供构件"？为什么？如何组织检查验收？
5. 如果现场检查出管桩不合格或管桩生产企业延期供货，对正常施工进度造成影响，请分析在上述两种发包模式下，可能会出现哪些主体之间的索赔。

### 答案

1. 施工招标阶段，监理单位的主要工作内容包括：
（1）协助业主编制施工招标文件；
（2）协助业主编制标底；
（3）发布招标通知；
（4）组织对投标人的资格预审；
（5）组织标前会议；
（6）组织现场勘察；
（7）协助组织开标、评标、定标；
（8）协助业主签约。
2. 监理单位对分包单位管理的主要内容：
（1）审查分包人资格；
（2）要求分包人参加相关施工会议；
（3）检查分包人的施工设备、人员；
（4）检查分包人的工程施工材料、作业质量。

管理的主要手段：① 对分包人违反合同、规范的行为，可指令总承包人停止分包人施工；② 对质量不合格的工程拒签与之有关的支付；③ 建议总承包人撤换分包单位。

3.（1）当工程采用平行发包时，对管桩生产企业的资质在招标阶段组织考核。

（2）当工程采用总分包时，对管桩生产企业的资质在分包合同签订前考核。

（3）考核的主要内容是：① 人员素质；② 资质等级；③ 技术装备；④ 业绩；⑤ 信誉；⑥ 有无生产许可证；⑦ 质保体系；⑧ 生产能力。

4.（1）运抵施工现场的管桩可视为"甲供构件"；（2）因为沉桩单位与管桩生产企业无合同关系。（3）应由监理工程师组织，沉桩单位参加，共同检查管桩质量、数量是否符合合同要求。

5. 可能出现的索赔事件如下。

（1）平行发包时：

① 沉桩单位与业主之间的索赔；

② 土建施工单位与业主之间的索赔；

③ 业主与管桩生产企业之间的索赔。

（2）总分包方式时：

① 业主与土建施工（或总包）单位之间的索赔；

② 土建施工（或总包）单位与管桩生产企业之间的索赔；

③ 沉桩单位与土建单位（或总包）之间的索赔。

## 案例 18

### 背景

某建设工程系国外贷款项目，业主与承包商按照 FIDIC《土木工程施工合同条件》签订了施工合同，委托某监理单位实施施工和保修阶段的监理工作。

施工合同《专用条件》中规定：有关索赔方面的条款除全部执行《通用条件》中规定外，监理工程师在根据《通用条件》履行下述职责之一前应得到业主的具体批准：工期展延超过 15 天（不含 15 天），单项索赔金额超过 5 万元（不含 5 万元）。

《专用条件》还规定：钢材、木材、水泥由业主供货到现场仓库，其他材料由承包商自行采购；合同价为 1 500 万元，履约保证金为合同价的 10%。

该工程实施过程中发生了以下事件。

事件 1　工程框架柱钢筋绑扎结束时，因合同中约定由业主提供的模板未运到施工现场，使框架柱支模工人 10 月 3 日至 16 日停工。该工序的 $TF_{i-j}=0$ 天，$FF_{i-j}=0$ 天。承包商提出索赔工期 14 天。

事件 2　工程围护结构砌筑时，因公网停电停水，使第三层的砌筑工作 10 月 7 日至 9 日停工。该工序 $TF_{i-j}=4$ 天，$FF_{i-j}=3$ 天。承包商提出索赔工期 3 天。

事件3  工程结构吊装时,因结构吊装机械发生故障,使结构吊装工作从计划的10月14日开始推迟到17日才开始。该工序的$TF_{i-j}=5$天,$FF_{i-j}=3$天。承包商提出索赔工期3天。

事件4  上述事件发生后,承包商于10月18日向监理工程师提交了索赔意向书,并于10月25日送交了经济索赔报告(附索赔计算书)和索赔依据的详细材料。其索赔计算书如下。

1. 窝工机械设备费。

一台塔吊:$(14+3)×834$元/台·班$=14\ 178$(元)

一台混凝土搅拌机:$14×85$元/台·班$=1\ 190$(元)

一台砂浆搅拌机:$3×54$元/台·班$=162$(元)

小计:$14\ 178+1\ 190+162=15\ 530$(元)

2. 窝工人工费。

支模:$35×85×14=41\ 650$(元)

砌筑:$30×70×3=6\ 300$(元)

吊装:$28×90×3=7\ 560$(元)

小计:$41\ 650+6\ 300+7\ 560=55\ 510$(元)

3. 保函费延期补偿:

$$1\ 500×10\%×\frac{6‰}{365}×20=0.049(万元)$$

4. 管理费增加:$(15\ 530+55\ 510+490)×15\%=10\ 729.5$(元)

5. 利润损失

$$(15\ 530+55\ 510+490+10\ 729.5)×5\%≈4\ 112.98(元)$$

6. 经济索赔合计:$15\ 530+55\ 510+490+10\ 729.5+4\ 112.98=86\ 372.48$(元)。

经监理工程师对承包商所报索赔计算书中的机械台班数量单价进行核实是符合实际的。由于窝工工人已调作其他工作,所以只应考虑其降效损失,经与承包商协商按10元/工日,因窝工而闲置的设备只考虑折旧费,经与承包商协商按台班单价的65%计算。

## ? 问题

1. 承包商单项索赔必须同时具备哪些基本条件才能成立?

2. 事件1中,承包商的单项索赔条件是否成立?监理工程师批准的工期索赔为多少天?并说明理由。

3. 事件2中,承包商的单项索赔条件是否成立?监理工程师批准的工期索赔为多少天?并说明理由。

4. 事件3中,承包商的单项索赔条件是否成立?监理工程师批准的工期索赔为多少天?并说明理由。

5. 事件 4 中，写出监理工程师对承包商索赔计算书的审定，并指明审增、审减原因。监理工程师如何签发工期变更指令和支付证书？

## 答案

1. 承包商单项索赔必须同时具备下列条件：
① 与合同相比较，已造成了实际的额外费用增加或工期损失；
② 造成费用增加或工期损失的原因不是由于承包商的过失；
③ 按合同规定不应由承包商承担的风险；
④ 承包商在事件发生后规定的时限内提出了书面索赔意向通知。

2. 承包商的单项索赔条件成立，因符合单项索赔的四项条件，监理工程师应予受理。

监理工程师批准的工期索赔为 14 天；由于业主原因造成停工，且该工作为关键工作（$TF_{i-j}=0$ 天）。

3. 承包商的单项索赔条件成立，因符合单项索赔的四项条件，监理工程师应予受理。

监理工程师批准的工期索赔为 0 天；因该项停工的原因虽属业主责任，但该工作不在关键线路上，且未超过该工作的总时差（$TF_{i-j}=4$ 天）。

4. 承包商的单项索赔条件不成立；不符合本答案 1 中条件②造成费用增加或工期损失的原因不是由于承包商的过失；③按合同规定不应由承包商承担的风险；所以损失由承包商自负。

5. 对承包商索赔计算书的审定如下。

（1）窝工机械费。

塔吊 1 台：$834 \times 65\% \times 14 = 7\,589.4$（元），按惯例，闲置机械只应计取折旧费。

混凝土搅拌机 1 台：$14 \times 85 \times 65\% = 773.5$（元），按惯例，闲置机械只应计取折旧费。

砂浆搅拌机 1 台：$3 \times 54 \times 65\% = 105.3$（元），因停电闲置可按折旧计取。

因故障吊装机械停机 3 天应由承包商自行负责损失，故不给补偿。

小计：$7\,589.4 + 773.5 + 105.3 = 8\,468.2$（元）

（2）窝工人工费。

支模窝工：$35 \times 10 \times 14 = 4\,900$（元），业主原因造成，但窝工工人已调作其他工作，所以只补偿工效差。

砌筑窝工：$30 \times 10 \times 3 = 900$（元），业主原因，只考虑降效费用。

吊装窝工：不应给补偿，因系承包商责任。

小计：$4\,900 + 900 = 5\,800$（元）。

（3）保函费补偿：

$1\,500 \times 10\% \times \dfrac{6‰}{365} \times 14 = 0.035$（万元），按审定的补偿工期计算。

（4）管理费增加：一般不予补偿。

(5) 利润：通常因暂时停工，不予补偿利润损失。

(6) 经济补偿合计：$8\ 468.2 + 5\ 800 + 350 = 14\ 618.2$（元）

由于审定展延工期 14 天 < 15 天，所以监理工程师可签发展延工期 14 天的变更。

由于审定经济补偿小于 5 万元，所以监理工程师可签发索赔 14 618.2 元的支付证书。

# 第6章 建设工程监理信息管理案例

## 案例1

### 背景

某实施监理的工程，专业监理工程师在熟悉设计图纸时发现，施工图设计深度不够，且设计选用图集有错误，无法用于施工。设计单位完成设计修改后，施工单位提交了专项施工方案。项目监理机构召开了专项施工方案讨论会，会议由总监理工程师主持，建设、设计、施工单位参加。

### 问题

1. 会议纪要由谁整理？
2. 会议纪要的主要内容有什么？
3. 会议上出现不同意见时，纪要中应该如何处理？
4. 纪要写完后如何处理？
5. 归档时该会议纪要是否应该列入监理文件？保存期是哪类？

### 答案

1. 会议纪要由监理部的资料员根据会议记录，负责整理。
2. 会议纪要的主要内容有：会议地点及时间；主持人和参加人员姓名、单位、职务；会议主要内容、议决事项及其落实单位、负责人、时限要求；其他事项。
3. 会议上有不同意见时，特别有意见不一致的重大问题时，应该将各方主要观点，特别是相互对立的意见记入"其他事项"中。
4. 纪要写完后，首先由总监审阅，再给各方参加会议负责人审阅是否如实记录他们的观点，有出入要根据当时发言记录修改，没有不同意见时分别签字认可，全部签字完毕，会议纪要分发各有关单位，并应有签收手续。
5. 该会议纪要属于有关质量问题的纪要，应该列入归档范围，放入监理文件档案中，移交给建设单位、城建档案管理部门，属于长期保存的档案。

## 案例 2

### ◀ 背景

某工程项目，建设单位委托某监理公司承担该项目的施工阶段全方位的监理工作，并要求建设工程档案管理和分类按照《建设工程文件归档整理规范》执行。工程开始后，总监理工程师任命了一位负责信息管理的专业监理工程师，并根据《建设工程监理规范》建立了监理报表体系，制定了监理主要文件档案清单，并按建设工程信息管理各环节要求进行建设工程的文档管理，竣工后又按要求向相关单位移交了监理文件。

### ? 问题

1. 按照《建设工程文件归档整理规范》规定，建设工程档案资料分为哪五大类？
2. 根据《建设工程监理规范》的规定，构成监理报表体系的有哪几大类？监理主要文件档案有哪些？
3. 建设工程信息管理除了收集、分发，还有哪些环节？
4. 监理机构应向哪些单位移交需要归档保存的监理文件？

### 答案

1. 工程准备阶段文件、监理文件、施工文件、竣工图、竣工验收文件。
2. （1）3 类，具体如下。

A 类表（承包单位用表）：A1 工程开工/复工报审表、A2 施工组织设计（方案）报审表、A3 分包单位资格报审表、A4 报验申请表、A5 工程款支付申请表、A6 监理工程师通知回复单、A7 工程临时延期申请表、A8 费用索赔申请表、A9 工程材料/构配件/设备报审表、A10 工程竣工报验单；

B 类表（监理单位用表）：B1 监理工程师通知单、B2 工程暂停令、B3 工程款支付证书、B4 工程临时延期审批表、B5 工程最终延期审批表、B6 费用索赔审批表；

C 类表（各方通用表）：C1 监理工作联系单、C2 工程变更单。

（2）监理报表体系、监理规划、监理实施细则、监理日记、监理例会会议纪要、监理月报、监理工作总结。

3. 传递、加工、整理、检索、存储。
4. 建设单位和监理单位。

## 案例 3

### ◀ 背景

某桥梁工程项目，A 施工单位承担了全过程建设的施工任务，B 监理公司承担了全过程建设工程的监理业务。在施工期间，由于连续降雨造成河水暴涨使得工程被迫暂时停工，而机械设备等已经进场，因此，A 施工单位决定通过监理单位向业主提出延长工期和费用索赔。

## ? 问题

1. 根据《建设工程监理规范》，施工单位提出索赔应该准备哪些报表？这些报表的主要内容是什么？

2. 根据《建设工程监理规范》，监理单位在收到索赔报表后应该准备哪些报表？这些报表的主要内容是什么？

## 答案

1. 当工程发生延期事件，并有持续性影响时，承包单位填报工程临时延期申请表，向工程项目监理部申请工程临时延期；工程延期事件结束后，承包单位向工程项目监理部最终申请确定工程延期的日历天数及延迟后的竣工日期。此时，将本表表头的"临时"改为"最终"；申报表应在本表中详细说明工程延期的依据、计算工期、申请延长竣工日期，并附有证明材料。

在索赔事件结束后，承包单位提交费用索赔申请表。该表应该详细说明索赔事件的经过、索赔理由、索赔金额的计算等，并附有必要的证明材料，经过承包单位项目经理签字。

2. 工程项目监理部在收到承包单位的"工程临时延期申请表"后，对申报情况进行调查、审核与评估后，初步做出是否同意延期申请的批复，在征得建设单位的同意后由总监理工程师签发工程临时延期审批表，表中应注明暂时同意工期延长的日数、延长后的竣工日期；在工程延期事件结束后，在征得建设单位的同意后，由总监理工程师签发工程最终延期申请表，注明最终同意工期延长的日数及竣工日期。

在收到施工单位报送的"费用索赔申请表"后，工程项目监理部在征得建设单位同意后，由总监理工程师签发费用索赔审批表，该表应该详细说明同意或者不同意此项索赔的理由，同意索赔时，同意支付的索赔金额及其计算方法，并附有关的资料。

## 案例 4

### 背景

某建设工程项目全部完工后，已经竣工验收，并移交建设单位投入运行，监理公司 A 承担了该工程项目的施工阶段监理，根据《建设工程监理规范》第 5.7.2 条款的规定，项目监理机构应参加由建设单位组织的竣工验收，并提供相应的监理资料，为此，在总监理工程师的领导下，项目监理机构及时地完成了相关资料的准备，并提交给有关单位。

### ? 问题

1. 建设工程文件档案资料由哪几方面组成？

2. 建设工程文件归档的范围包括哪些方面？

3. 《建设工程监理规范》对监理资料的管理提出了哪些要求？监理单位的相应职责是什么？

4. 监理文件的分类归档的概念可以从哪三方面去理解？

## 答案

1. 建设工程文件档案资料由以下几方面文件资料组成：

（1）建设工程文件——在工程建设过程中形成的各种形式的信息记录（工程准备阶段文件、监理文件、施工文件、竣工图及竣工验收文件等）；

（2）建设工程档案——在工程建设活动中直接形成的具有归档保存价值的文字、图表、声像等各种形式的历史记录；

（3）建设工程资料。

2. 建设工程文件的归档范围包括：

（1）与工程建设有关的重要活动、记载建设生产过程与现状的具有保存价值的各种载体的文件，应收集齐全，立卷归档；

（2）工程文件具体归档范围按照《建设工程文件归档整理规范》中规定的工程准备阶段文件、监理文件、施工文件、竣工图、竣工验收文件等五大类执行。

3. 《建设工程监理规范》对监理资料的管理提出的要求及监理单位相应职责是：

（1）监理资料必须及时整理、真实完整、分类有序；

（2）应由总监理工程师负责管理，并指定专人具体实施；

（3）监理资料应在各阶段监理工作结束后及时整理归档；

（4）监理档案的编制及保存应按有关规定执行。

4. 监理文件的分类归档的概念可从以下三方面理解：

（1）建设工程项目竣工后，监理单位向建设单位移交的文件，分别在地方城建档案馆、建设单位和监理单位三处归档做永久的或长期的或短期的保存；

（2）按照建设工程项目监理部在监理实践中使用的监理文件分类（共17类）；

（3）监理公司建立档案（共7类）。

## 案例 5

### 背景

某城市高层建筑工程项目的业主与某监理公司和某建筑工程公司分别签订了建设工程施工阶段委托监理合同和建设工程施工合同。为了能及时掌握准确、完整的信息，以便依靠有效的信息对该建设工程的质量、进度、投资实施最佳控制，项目总监理工程师召集了有关监理人员专门讨论了如何加强监理文件档案资料的管理问题，涉及有关监理文件档案资料管理的意义、内容和组织等方面的问题。

# ? 问题

1. 你认为对监理文件档案资料进行科学管理的意义何在？
2. 在项目监理部，对监理文件档案资料管理部门和实施人员的要求如何？
3. 监理文件档案资料管理的主要内容有哪些？
4. 施工阶段监理工作的基本表式的种类和用途是什么？
5. 在监理内部和监理外部，工程建设监理文件和档案资料的传递流程是什么？

# 答案

1. 监理文件档案资料进行科学管理的意义为：

（1）可以为监理工作的顺利开展创造良好条件；

（2）可以极大地提高监理工作效率；

（3）可以为建设工程档案的归档提供可靠保证。

2. 对监理文件档案资料管理部门和人员的要求如下。

（1）应由项目监理部的信息管理部门专门负责建设工程项目的信息、管理工作，其中包括监理文件档案资料的管理。

（2）应由信息管理部门中的资料管理人员负责文件和档案资料的管理和保存。

（3）对信息管理部门中的资料管理人员的要求是：

- 熟悉各项监理业务；
- 全面了解和掌握工程建设进展和监理工作开展的实际情况。

3. 监理文件档案资料管理的主要内容包括：

（1）监理文件和档案收文与登记；

（2）监理文件档案资料传阅与登记；

（3）监理文件资料发文与登记；

（4）监理文件档案资料分类存放；

（5）监理文件档案资料归档；

（6）监理文件档案资料借阅、更改与作废。

4. 监理工作基本表式的种类和用途：

（1）A类表10个，为承包单位用，是承包单位与监理单位之间的联系表，由承包单位填写，向监理单位提交申请或回复；

（2）B类表6个，为监理单位用表，是监理单位与承包单位之间的联系表，由监理单位填写，向承包单位发出指令或指复；

（3）C类表2个，为各方通用，是工程监理单位、承包单位、建设单位等各有关单位之间的联系表。

5. 监理文件和档案资料的传递流程是：

（1）在监理内部，所有文件和档案资料都必须先送信息管理部门进行统一整理分类，归档保存，然后由信息管理部门根据总监理工程师或其授权监理工程师指令和监理工作的需要，分别将文件和档案资料传递给有关的监理工程师。

（2）在监理外部，在发送或接收监理单位、设计单位、施工单位、材料供应单位及其他单位的文件和档案资料时，也应由信息管理部门负责进行，这样只有一个进口通道，从而在组织上保证文件和档案资料的有效管理。

## 案例 6

### 背景

某工程项目，建设单位（发包人）根据工程建设管理的需要，将该工程分成三个标段进行施工招标。分别由 A、B、C 三家公司承担施工任务。通过招标建设单位将三个标段的施工监理任务委托具有专业监理甲级资质的 M 监理公司一家承担。M 监理公司确定了总监理工程师，成立了项目监理部。监理部下设综合办公室兼管档案、合同部兼管投资和进度、质监部兼管工地实验与检测等三个业务管理部门，设立 A、B、C 三个标段监理组，监理组设组长一人负责监理组监理工作，并配有相应数量的专业监理工程师及监理员。

### 问题

1. M 公司对此监理任务非常重视，公司经理专门召开该项目监理工作会议，着重讲了如何贯彻公司内部管理制度和开展监理工作的基本原则，请回答监理企业的内部管理规章制度应有哪些（答出其中四项即可）？建设工程监理实施的基本原则是什么？

2. 在确定了总监理工程师和监理机构之后，开展监理工作的程序是什么？

3. 为了充分发挥业务部门和监理组的作用，使监理机构具有机动性，应选择何种监理组织？并说明理由，请绘出监理组织形式图。

4. 请说明该项目监理规划应由谁负责编制？谁审批？需要编写几个监理规划，为什么？

5. 在下面的监理资料中，哪些资料是需要送地方城建档案馆保存？

（1）施工合同和委托监理合同；

（2）勘察设计文件；

（3）监理规划；

（4）监理实施细则；

（5）施工组织设计（方案）报审表；

（6）监理月报中的有关质量问题；

（7）监理日记；

（8）不合格项目通知。

## 答案

1. 本问题包括两方面。
1）监理企业内部管理制度有：
（1）组织管理制度；
（2）人事管理制度；
（3）劳动合同管理制度；
（4）财务管理制度；
（5）经营管理制度；
（6）项目监理机构管理制度；
（7）设备管理制度；
（8）科技管理制度；
（9）档案文书管理制度。
2）建设工程监理实施的基本原则有：
（1）公正、独立、自主的原则；
（2）权责一致的原则；
（3）总监理工程师负责制的原则；
（4）严格监理、热情服务原则；
（5）综合效益原则。
2. 在确定总监理工程师，成立项目监理机构后的监理实施程序为：
（1）编制建设工程监理规划；
（2）制定各专业监理实施细则；
（3）规范化地开展监理工作；
（4）参与验收，签署建设工程监理意见；
（5）向业主提交建设工程监理档案资料；
（6）监理工作总结。
3. （1）应选择矩阵制监理组织形式，理由是这种形式既发挥了纵向职能系统的作用，又发挥了横向子项监理组的作用，把上下左右集权与分权实行最优的结合，有利于解决复杂问题，且有较大的机动性和适应性。
（2）监理组织形式图如图6-1所示。
4. （1）监理规划由项目总监理工程师主持编写，监理企业技术负责人审批；
（2）应按监理合同编写一个监理规划。
5. 需送地方城建档案馆保存的为：
监理规划；
监理实施细则；

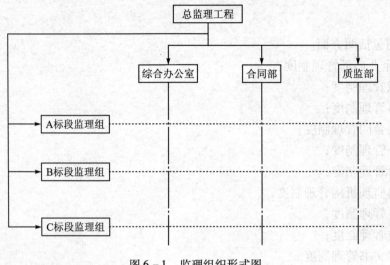

图 6-1 监理组织形式图

监理月报中的有关质量问题；

不合格项目通知。

## 案例 7

### 背景

某工程将要竣工，为了通过竣工验收，质检部门要求先进行工程档案验收，建设单位要求监理单位组织工程档案验收，施工单位提出请监理工程师告诉他们，应该如何准备档案验收。

### 问题

1. 工程档案应该由谁主持验收？
2. 工程档案由谁编制？由谁进行审查？
3. 工程档案如何分类？
4. 工程档案应该准备几套？
5. 分包单位如何形成工程文件？向谁移交？

### 答案

1. 在组织工程竣工验收前，工程档案由建设单位汇总后，由建设单位主持，监理、施工单位参加，提请当地城建档案管理机构对工程档案进行预验收，并取得工程档案验收认可文件。

2. 工程档案由参建各单位各自形成有关的工程档案，并向建设单位归档。建设单位根据城建档案管理机构要求，按照《建设工程文件归档整理规范》对档案文件完整、准确、系统情况和案卷质量进行审查，并接受城建档案管理机构的监督、检查、指导。

3. 工程档案按照《建设工程文件归档整理规范》附录A中建设工程文件归档范围和保管期限表可以分为：工程准备阶段文件、监理文件、施工文件、竣工图、竣工验收文件五类。

4. 工程档案一般不宜少于两套，具体由建设单位与勘察、设计、施工、监理等单位签订协议、合同时，对套数、费用、质量、移交时间等提出明确要求。

5. 分包单位应独立完成所分包部分工程的工程文件，把形成的工程档案交给总承包单位，由总承包单位汇总各分包单位的工程档案并检查后，再向建设单位移交。

## 案例 8

### 背景

某业主投资建设一工程项目，该工程是列入城建档案管理部门接受范围的工程。该工程由A、B、C三个单位工程组成，各单位工程开工时间不同。该工程由一家承包单位承包，业主委托某监理公司进行施工阶段监理。

监理工程师在审核承包单位提交的"工程开工报审表"时，要求承包单位在"工程开工报审表"中注明各单位工程开工时间。监理工程师审核后认为具备开工条件时，由总监理工程师或由经授权的总监理工程师代表签署意见，报建设单位。

### 问题

1. 监理单位的以上做法有何不妥？应该如何做？监理工程师在审核"工程开工报审表"时，应从哪些方面进行审核？

2. 建设单位在组织工程验收前，应组织监理、施工、设计各方进行工程档案的预验收。建设单位的这种做法是否正确？为什么？

3. 监理单位在进行本工程的监理文件档案资料归档时，将下列监理文件作短期保存：
① 监理大纲；② 监理实施细则；③ 监理总控制计划等；④ 预付款报审与支付。
以上4项监理文件中，哪些不应由监理单位作短期保存？监理单位作短期保存的监理文件应有哪些？

### 答案

1. 监理单位的做法不妥之处有：
① "要求承包单位在工程开工报审表中注明各单位工程开工时间"不妥；
② "由总监理工程师或由经授权的总监理工程师代表签署意见"不妥。
监理单位应该：① "要求承包单位在每个单位工程开工前都应填报一次工程开工报审表"；② "由总监理工程师签署意见"，不得由总监理工程师代表签署。

监理工程师在审核"工程开工报审表"时应从以下几方面进行审核：
① 工程所在地（所属部委）政府建设主管单位已签发施工许可证；
② 征地拆迁工作已能满足工程进度的需要；
③ 施工组织设计已获总监理工程师批准；
④ 测量控制桩、线已查验合格；
⑤ 承包单位项目经理部现场管理人员已到位，机具、施工人员已进场，主要工程材料已落实；
⑥ 施工现场道路、水、电、通信等已满足开工要求。

2. 建设单位的这种做法不正确。

原因：建设单位在组织工程竣工验收前，应提请城建档案管理部门对工程档案进行预验收。

3. 不应由监理单位作短期保存的有：监理大纲和预付款报审与支付。

监理单位作短期保存的监理文件有：监理规划，监理实施细则，监理总控制计划，专题总结，月报总结。

## 案例 9

### 背景

一商业大楼桩基工程采用混凝土灌注桩，主体结构采用钢结构。某监理单位接受建设单位的委托对大楼的施工阶段进行监理，并任命了总监理工程师，组建了现场项目监理机构，总监理工程师根据有关要求编制了监理规划，并制定了监理旁站方案。

在监理规划中编制了如下一些内容：
1. 监理工作目标是确保工程获得"鲁班奖"；
2. 总监理工程师负责签发项目监理机构的文件和指令；
3. 编制工程预算，并对照审核施工单位每月提交的工程进度款；
4. 负责桩基工程的施工招标代理工作；
5. 对设计文件中存在的问题直接与设计单位联系进行修改；
6. 由结构专业监理工程师负责主持整个项目监理细则的审核工作；
7. 造价控制专业监理工程师负责调解和处理工程索赔，审核签认工程竣工结算；
8. 质量控制专业工程师负责所有分部分项工程的质量验收；
9. 专业监理工程师负责本专业监理资料的收集、汇总及整理，参与编写监理月报；
10. 监理员负责主持整理工程项目的监理资料。

在旁站监理方案中编制了如下一些内容：
11. 实施旁站制度就是对所有的部位和工序的施工过程进行 24 小时现场跟班监理；
12. 旁站监理在各专业监理工程师的指导下，由现场监理员具体实施完成；

13. 主体结构钢结构的安装必须进行旁站监理；

14. 旁站监理人员仅需认真做好每天的监理日记；

15. 在旁站监理中如发现可能危及工程质量的行为时，旁站人员应及时下达暂停施工指令；

16. 旁站监理人员应检查施工企业现场质检人员到岗、特殊工种人员持证上岗及施工机械、建筑材料准备情况。

## 问题

1. 监理规划编制的内容中有哪几项内容不妥？不妥之处请说明理由。
2. 旁站监理方案编制的内容中有哪几项内容不妥？不妥之处请说明理由。
3. 旁站监理方案应明确的内容有哪些？旁站监理方案应送达哪些单位？

## 答案

1. 第 1 项不妥，"鲁班奖"是一种奖项，监理单位的产品是服务，确保工程质量应是施工单位的职责；

第 2 项正确；

第 3 项不妥，编制工程预算不是监理单位的工作职责，应是审核工程预算；

第 4 项不妥，本工程监理只承担施工阶段的监理工作；

第 5 项不妥，应通过建设单位；

第 6 项不妥，应由总监理工程师负责审核；

第 7 项不妥，应由总监理工程师负责；

第 8 项不妥，质量控制专业工程师负责分项工程的质量验收，总监理工程师负责分部和单位工程质量检验评定资料的审核签认；

第 9 项正确；

第 10 项不妥，应由总监理工程师主持。

2. 第 11 项不妥，要求仅对关键部位、关键工序实施旁站监理；

第 12 项不妥，应在总监理工程师的指导下，由现场监理人员具体实施完成；

第 13 项正确；

第 14 项不妥，还应做好旁站监理记录；

第 15 项不妥，除非总监理工程师，旁站人员无权下达暂停施工指令；

第 16 项正确。

3. 旁站监理方案应明确旁站监理的范围、内容、程序和旁站监理人员职责等；旁站监理方案应当送建设单位和施工企业各一份，并抄送工程所在地的建设行政主管部门或其委托的工程质量监督机构。

## 案例 10

### 背景

某业主开发建设一栋 24 层综合办公写字楼，委托 A 监理公司进行监理，经过施工招标，业主选择了 B 建筑公司承担工程施工任务。B 建筑公司拟将桩基工程分包给 C 地基基础工程公司，拟将暖通、水电工程分包给 D 安装公司。

在总监理工程师组织的监理工作会议上，总监理工程师要求大家在 B 建筑公司进入施工现场到工程开工这一段时间，要熟悉有关资料，认真审核施工单位提交的有关文件、资料等。

### 问题

1. 在这段时间内监理工程师应熟悉哪些主要资料？
2. 监理工程师应重点审核施工单位的哪些技术文件与资料？

### 答案

1. 监理工程师应熟悉的资料包括：
① 工程项目有关批文、报告文件（各种批文、可行性研究报告、勘察报告等）；
② 工程设计文件、图纸等；
③ 施工规范、验收标准、质量评定标准等；
④ 有关法律、法规文件；
⑤ 合同文件（监理合同、承包合同等）。

2. 监理工程师在施工单位进入施工现场到工程开工这一阶段应重点审核：
① 施工单位编制的施工方案和施工组织设计文件；
② 施工单位质量保证体系或质量保证措施文件；
③ 分包单位的资质；
④ 进场工程材料的合格证、技术说明书、质量保证书、检验试验报告等；
⑤ 主要施工机具、设备的组织配备和技术性能报告；
⑥ 审核拟采用的新材料、新结构、新工艺、新技术的技术鉴定文件；
⑦ 审核施工单位开工报告，检查核实开工应具备的各项条件。

# 第 7 章 建设工程监理综合案例

## 案例 1

### ◀ 背景

某工程项目的承包商给专业监理工程师提供的桥梁工程施工网络计划如图 7-1 所示。专业监理工程师审查中发现,施工计划安排不能满足施工总进度计划对该桥施工工期的要求(总进度计划要求 $T_r = 60$ 天)。专业监理工程师向承包商提出质疑时,承包商解释说,由于该计划中的每项工作作业时间均不能够压缩,且工地施工桥台的钢模板只有一套,两个桥台只能顺序施工,若一定要压缩工作时间,可将西桥台的挖孔桩改为预制桩,要修改设计,且需增加 12 万元的费用。专业监理工程师不认可承包商的说法,提出了不同的看法。

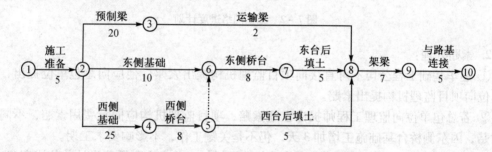

图 7-1 桥梁工程施工网络进度计划

经总监理工程师批准,该桥的基础工程分包给了建华基础工程公司,在东桥台的扩大基础施工时,建华基础工程公司发现地下有污水管道,但设计文件和勘测资料中均未有说明。由于处理地下污水管道,使东桥台的扩大基础施工时间由原计划的 10 天延长到 13 天,建华基础工程公司根据专业监理工程师签认的处理地下污水管道增加的工程量,向项目监理机构提出增加合同外工作量费用和延长工期 3 天的索赔。

### ? 问题

1. 专业监理工程师不认可承包商的说法,应对该桥的网络进度计划改进提出什么建议?
2. 对发现设计文件和勘测资料中均未说明的地下污水管道引起的索赔,应如何处理?

## 答案

1. 专业监理工程师应建议在桥台的施工模板仅有一套的条件下，合理组织施工。因为西侧桥台基础为桩基，施工时间长（25天），而东侧桥台为扩大基础，施工时间短（10天），所以应将原计划中西侧桥台施工完成后施工东侧桥台改为在东侧基础施工完毕后，组织施工东侧桥台，东侧桥台施工完成后再施工西侧桥台，这样改变一下组织方式（图7-2）可以将该计划的计划工期缩短到 $T_c = 55$ 天，小于要求工期 $T_r = 60$ 天，也不需增加费用。

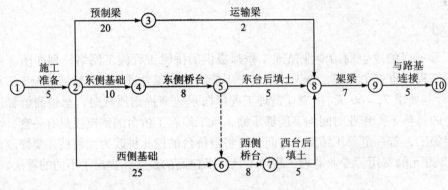

图7-2 施工网络进度计划

2. 索赔处理：

① 建华基础工程公司不可直接向项目监理机构提出索赔，他应向总包单位提出，由总包单位向项目监理机构提出索赔。

② 若总包单位向监理工程师提出上述索赔，项目监理机构应同意费用索赔，不同意工期索赔，因东侧桥台基础施工增加3天，仍不是关键工作，不影响要求工期。

③ 由于勘测设计未探明地下障碍物致使费用增加，业主宜和勘测设计单位协商解决。

## 案例2

### 背景

某工程，业主拟将工程项目在实施阶段的监理工作委托某监理单位。

该工程实施过程中发生了以下事件。

事件1 在委托监理过程中，业主草拟的委托监理合同部分内容如下。

"（1）除非因业主原因发生时间延误外，任何时间延误监理单位应付相当于施工单位罚款的20%给业主，如工期提前，监理单位可得到相当于施工单位工期提前奖励20%的奖金。

（2）工程图纸设计存在问题，监理单位没有审核出来给业主造成损失的，监理单位应赔付业主该部分工程设计造价1%的赔偿。

（3）施工期间每发生1起施工人员重伤事故，对监理单位罚款1.5万元；发生一起死亡事故，对监理单位罚款 3 万元。

（4）凡由于监理工程师发生差错、失误而造成重大的经济损失，监理单位应赔付业主一定比例（取费费率）的赔偿费，如不发生差错、失误，则监理单位可得到全部监理费……"

事件 2　经过双方的商讨，对合同内容进行了调整与完善，最后确定了委托监理合同的主要条款，包括：监理的范围和法规，监理报酬，合同生效、变更与终止，争议的解决和双方约定的其他事项等。

事件 3　在施工准备阶段，项目监理机构编制监理规划后，递交了业主，其部分内容如下。

1. 施工阶段的质量控制：
（1）专业监理工程师应掌握和熟悉质量控制的技术依据；
（2）……
（3）行使质量监督权，为了保证工程质量，出现下述情况之一者，总监理工程师应下达工程暂停令：
① 工序完成后未经检验即进行下道工序者；
② 施工出现安全隐患，总监理工程师认为有必要停工，以消除隐患；
③ 擅自使用未经监理工程师认可或批准的工程材料；
④ 擅自变更设计图纸；
⑤ 承包单位未经许可擅自施工，或拒绝项目监理机构管理；
⑥ 擅自让未经同意的分包单位进场作业；
⑦ 没有可靠的质量保证措施而贸然施工；
⑧ 为了保证工程质量而需要进行停工处理；
⑨ 业主要求暂停施工，且工程需要暂停施工；
⑩ 发生必须暂停施工的紧急事件。

2. 施工阶段的投资控制：
（1）建立健全监理组织，完善职责分工及有关制度，落实投资控制的责任；
（2）审核施工组织设计和施工方案，合理审核签证施工措施费，按合理工期组织施工；
（3）及时进行计划费用与实际支出费用的分析比较；
（4）准确测量实际完工工程量，并按实际完工工程量签证工程款付款凭证。
……

事件 4　在工程施工过程中，由于业主未能及时将施工场地移交承包商，使承包商土方工程（K 工作）施工延误工期 20 天，承包商在规定的期限内向项目监理机构提出如表 7-1 所示的费用索赔计算单。

表 7-1　费用索赔计算表

| 序号 | 内容 | 数量 | 费用计算/元 | 备注 |
|---|---|---|---|---|
| 1 | 土方施工工人 | 80（工日/天） | 80×20×15=40 000 | 日工资 25 元/工日 |
| 2 | 挖土机 | 8（台班/天） | 8×20×500=80 000 | 租赁设备费 500 元/（天·台） |
| 3 | 推土机 | 5（台班/天） | 5×20×650=65 000 | 台班费 650 元/台班 |
| 4 | 自卸汽车 | 24（台班/天） | 24×20×350=168 000 | 台班费 350 元/台班日<br>工资 35 元/工日 |
| 5 | 机械司机 | 37（工日/天） | 37×20×35=25 900 | |
| 合计 | | | 37.89 万元 | |

承包商在规定的期限内向监理工程师提出工期索赔 20 天的要求（见图 7-3）。

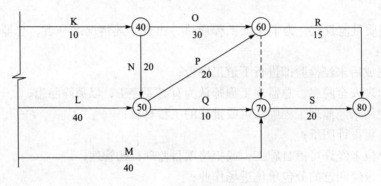

图 7-3　工期索赔计算图

### ? 问题

1. 事件 1 中，业主草拟委托监理合同的部分内容中哪些条款不妥？请说明理由。
2. 事件 2 中，双方调整与完善后的委托监理合同内容中，还有哪些主要条款？
3. 事件 3 中，根据监理规划的内容，专业监理工程师应掌握和熟悉质量控制的哪些技术依据？
4. 事件 3 中，监理规划中所列总监理工程师下达工程暂停令的情况，哪些符合《建设工程监理规范》的规定？
5. 事件 3 中，根据监理规划的内容，指出施工阶段投资控制措施的不妥，并说明理由。
6. 事件 4 中，承包商提出的费用索赔计算是否合理？请说明理由。
7. 事件 4 中，承包商提出的工期索赔要求是否合理？请说明理由。

### 答案

1. 业主草拟委托监理合同的部分内容均不妥，具体理由如下。

第一,监理工作的性质是服务性的,监理单位"将不是,也不能成为任何承包商的工程的承保人或保证人",将设计、施工出现的问题与监理单位直接挂钩,与监理工作性质不适宜。

第二,监理单位应是与业主和承商包相互独立的、平等的第三方,为了保证其独立性与公正性,《建设工程质量管理条例》中规定,工程监理单位与被监理工程的施工承包单位以及建筑材料、建筑构配件和设备供应单位有隶属关系或者其他利害关系的,不得承担该项建设工程的监理业务。在合同中若写入以上条款,势必将监理单位的经济利益与施工单位的利益联系起来,不利于监理工作的公正性。

第三,我国《建筑法》规定:"工程监理单位不按照委托监理合同的约定履行监理义务,对应当监督检查的项目不检查或者不按照规定检查,给建设单位造成损失的,应当承担相应的赔偿责任。工程监理单位与承包单位串通,为承包单位牟取非法利益,给建设单位造成损失的,应当与承包单位承担连带赔偿责任"。在《建设工程质量管理条例》中规定"工程监理单位应当依照法律、法规以及有关技术标准、设计文件和建设工程承包合同,代表建设单位对施工质量实施监理,并对施工质量承担监理责任"。监理单位赔偿的前提要符合两个要件:第一,监理单位存在过错;第二,由此给业主造成了实际实际。此外,监理单位不应承担其他工程参与主体责任造成的损失。

2. 双方调整与完善后的委托监理合同内容中,还有监理人义务、权利、责任和委托人义务、权利、责任条款。

3. 专业监理工程师应掌握和熟悉质量控制的下列技术:

(1) 设计图纸及设计说明书;

(2) 工程施工规范、技术规程、技术标准及验收规范等;

(3) 委托监理合同及工程承包合同;

(4) 业主对工程有特殊要求时,熟悉有关控制标准及技术指标。

4. 监理规划中所列总监理工程师下达工程暂停令的情况,符合《建设工程监理规范》的规定的有:

② 施工出现安全隐患,总监理工程师认为有必要停工,以消除隐患;

⑤ 承包单位未经许可擅自施工,或拒绝项目监理机构管理;

⑧ 为了保证工程质量而需要进行停工处理;

⑨ 业主要求暂停施工,且工程需要暂停施工;

⑩ 发生必须暂停施工的紧急事件。

5. 监理规划中施工阶段投资控制措施的第 4 条不妥;因施工单位"实际完工工程量"不一定是施工图纸或合同内规定的工程量,即专业监理工程师只对图纸或合同或工程师指定的工程量给予计量。其次"按实际完工工程量签证工程款付款凭证"应改为"按实际完工的经监理工程师检查合格的工程量签证工程款付款凭证"。只有合格的工程才能办理支付签证。

6. 在承包商提出的费用索赔计算单中,以下几项计算不合理。

(1) 由于停工,施工单位可将土方施工工人安排其他工作,所以费用补偿应按双方事先合同中约定的补偿工资计算。

(2) 推土机与自卸汽车闲置补偿不应按台班费全额计算,应按双方合同中约定的闲置补偿费(如机械台班费的百分比或折旧费)计算。

(3) 机械司机的工费应包括在机械台班中,不应另外计列。

7. 承包商提出的工期索赔要求不合理。根据工程进度计划,由于工作 K 的开始时间被推迟 20 天,使原计划的完成时间由 80 天增加到 90 天,所以总监理工程师应该批准的工期延长为 10 天。

计算原计划完成时间如图 7-4 所示。

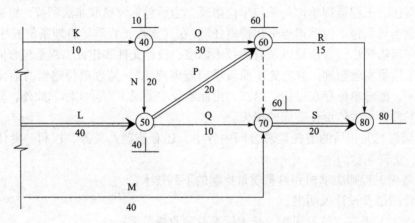

图 7-4 原计划完成时间计算

计算 K 工作推迟 20 天开始的计划完成时间如图 7-5 所示。

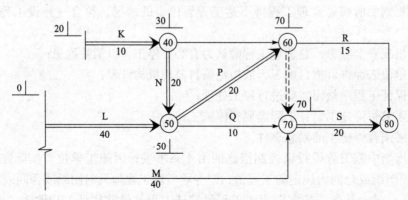

图 7-5 K 工作推迟开始的计划完成时间计算

## 案例 3

### 背景

某工程,业主委托某监理单位承担施工阶段的监理工作。在设计仅完成土建工程图纸时,业主与施工单位签订了施工承包合同,合同约定:地下防水工程分包给专业防水工程公司施工。

该工程实施过程中发生了以下事件。

事件 1 为满足业主尽快开工的要求,土建专业监理工程师编制了土建工程监理规划后,直接报送给业主,其部分内容如下:

1. 工程概况;
2. 监理工作范围和目标;
3. 监理组织;
4. 设计方案评选方法及组织设施协调工作的监理措施;
5. 土建工程的施工方案与措施;
6. 施工合同的监督管理;
7. 施工阶段监理工作制度……

事件 2 在承包商尚未确定防水分包单位的情况下,业主代表为保证工期和工程质量,自行选择了一家专承防水施工业务的施工单位承担防水工程施工任务(双方尚未签订正式合同),并书面通知总监理工程师和承包商,已确定分包单位进场,要求配合施工。

### 问题

1. 指出事件 1 中的不妥之处,并说明理由。
2. 指出事件 2 中的不妥之处,并说明理由。
3. 事件 2 中,总监理工程师接到业主通知后应如何处理?

### 答案

1. (1) 土建专业监理工程师编制监理规划不妥;应由总监理工程师主持编写。

(2) 土建监理工程师直接向业主"报送"不妥;监理规划编制完成后,应经监理单位技术负责人签认后才可递交业主。

(3) 监理规划中的"4. 设计方案评选方法及组织设计协调工作的监理措施"内容不妥;因这是设计阶段监理工作的内容,本工程项目是施工阶段监理,不应该将该内容编写在施工阶段的监理规划中。

(4) 监理规划中的"5. 土建工程的施工方案与措施"不妥;土建工程的施工方案与措施应属于施工组织设计的内容。

2. (1) 业主自行选择防水施工单位不妥;因业主违背了承包合同的约定,自行确定分包单位。

(2) 业主自行选择防水施工单位后才通知总监理工程师和承包商不妥;因事先未与承包单位进行充分协商,也未事先征求项目监理机构意见的情况下,事后才通知承包单位。

(3) 在没有正式签订分包合同的情况下,即确定分包单位进场不妥;因必须在签订分包合同的条件下,才可允许分包单位进场。

3. 总监理工程师接到业主通知后,处理的措施如下。

(1) 应及时与业主沟通,签发该分包意向无效的书面监理通知,尽可能采取措施,阻止分包单位进场,避免问题进一步复杂化。

(2) 总监理工程师应协调承包商可以考虑业主推荐的分包单位,对业主意向的分包单位进行资质审查,若资质审查合格,承包商可与该合格的防水分包单位签订防水分包合同;若资质审查不合格,总监理工程师应与业主协商,建议由承包商另选合格的防水分包单位。

(3) 总监理工程师应及时将处理结果报告业主备案。

## 案例 4

### 背景

某钢结构工业厂房施工项目,建设单位委托某监理单位承担了该项目的施工监理工作。该工程的施工图纸已齐备,现场三通一平已完成,满足开工条件。

该工程实施过程中发生了以下事件。

事件1 建设单位组织施工招标时,委托监理单位对投标单位的资格进行审查,对通过资格审查的投标人邀请投标。通过招标建设单位确定了施工单位。虽然按国家工期定额规定,该工程定额工期为395个日历天,但施工承包合同中约定:工程于2009年5月15日开工,至2010年5月14日完工,总工期为1年,共计365个日历天。

事件2 施工单位考察施工现场,准备搭建临时设施,组织材料、机具和施工人员进场时发现,建设单位提供的地质勘察资料与施工现场实际情况不符。经与建设单位洽商,需将原设计中的钢筋混凝土条形基础改为桩基础,因修改设计用时1个月,使施工单位开工日期推迟1个月。为此,施工单位提出索赔如下。

(1) 桩基础比条形基础施工工期增加2个月(61个日历天),要求将原合同工期延长61个日历天。

(2) 赔偿施工单位额外增加的管理费。

$$管理费索赔值 = \frac{原清单报价管理费(元) \times 延工的工期(天)}{合同工期(天)}$$

(3) 赔偿推迟1个月开工的流动资金积压损失费(按银行贷款利率计算)。

事件3 施工单位委托加工的钢构件运至施工现场后,专业监理工程师检查发现,构件加工厂对钢构件防腐处理不符合施工图纸涂刷一遍红丹底漆和两遍面漆的要求,只涂刷了一遍底漆一遍面漆,专业监理工程师不予认可,并向施工单位签发了监理工程师通知单。施工

单位接通知后,以报价单为依据,提出建设单位支付返工损失和增补一遍面漆的报价。

事件4 设备安装前,建设单位采购了新型的工程设备并要求工程变更,总监理工程师指出工程变更需要经过一定的程序,完成下列工作:① 签发工程变更单;② 与承包单位和建设单位进行协调;③ 了解实际情况和收集与工程变更有关的资料;④ 建设单位转交原设计单位编制设计变更文件;⑤ 对工程变更的费用和工期作出评估;⑥ 建设单位提出工程变更;⑦ 提交总监理工程师审查;⑧ 监督实施。

事件5 事件4中的工程变更使工期延长1个月,施工单位在竣工结算时提出由于工期拖延1个月,索赔1个月的冬季施工增加费。

## ? 问题

1. 事件1中,专业监理工程师对投标单位进行资质审查应包括哪些主要内容?
2. 事件1中,建设单位是否应给施工单位增加赶工措施费?请说明理由。
3. 事件2中,分别说明总监理工程师对施工单位提出的索赔应如何处理。
4. 事件3中,专业监理工程师是否认可施工单位提出的要求?请说明理由。
5. 事件4中,正确排列项目监理机构处理工程变更的工作程序。
6. 事件5中,施工单位在竣工结算时提出的要求是否合理?并说明理由。

## 答案

1. 对投标单位进行资质审查包括的主要内容有:① 企业的营业执照、注册资金;② 企业的资质证书和营业范围;③ 企业的开户银行及账号可用于投标工程的资金状况、近两年经审计的财务报表;④ 企业的简历,承包类似工程的经验;⑤ 企业的技术力量;⑥ 企业的简历,承包类似工程的经验;⑦ 企业的质量保证体系;⑧ 企业的履约情况,近两年介入诉讼的情况等。

2. 国内的招标工程,其施工工期一般应以国家规定的定额工期为准。本工程业主要求365天竣工,比定额工期(395天)短30天,故在标底中增加赶工措施是合理的。

3. 因为推迟开工是非施工单位原因造成的,故施工单位有权提出索赔。其中:

第(1)项,属于增加工程量导致的工期延长索赔,应该批准延长。

第(2)项,给施工单位结算的桩基础工程单价中已经包含了管理费,所以不应该批准该项索赔。

第(3)项,由于工程尚未开工,材料、机具和施工人员尚未进场,不存在积压流动资金,所以不应该批准该项索赔。

4. 专业监理工程师对施工单位提出的要求不予认可;因施工质量不合格,属施工单位的责任。

5. 项目监理机构处理工程变更程序为:⑥ 建设单位提出工程变更;⑦ 提交总监理工程师审查;③ 了解实际情况和收集与工程变更有关的资料;⑤ 对工程变更的费用和工期作出评估;④ 建设单位转交原设计单位编制设计变更文件;② 与承包单位和建设单位进行协调;

① 签发工程变更单；⑧ 监督实施。

6. 施工单位提出的要求不合理；因为该变更导致的工期延长并没有发生在冬季，且冬季施工增加费已经包含在措施费中。

## 案例 5

### 背景

某建设单位和施工单位按照《建设工程施工合同（示范文本）》签订了施工合同，合同中约定：建筑材料由建设单位提供；由于非施工单位原因造成的工程停工，机械补偿费为 200 元/台班，人工补偿费为 50 元/工日；总工期为 120 天；竣工时间提前奖励为 3 000 元/天，误期损失赔偿费为 5 000 元/天。经项目监理机构批准的施工进度计划如图 7-6 所示（单位：天）。

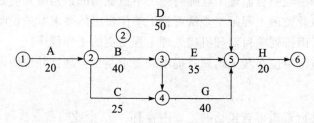

图 7-6 施工进度计划

施工过程中发生了以下事件。

事件 1　工程进行中，建设单位要求施工单位对某一构件作破坏性试验，以验证设计参数的正确性。该试验需修建两间临时试验用房，施工单位提出建设单位应该支付该项试验费用和试验用房修建费用。建设单位认为，该试验费属建筑安装工程检验试验费，试验用房修建费属建筑安装工程措施费中的临时设施费，该两项费用已包含在施工合同价中。

事件 2　建设单位提供的建筑材料经施工单位清点入库后，在专业监理工程师的见证下进行了检验，检验结果合格。其后，施工单位提出，建设单位应支付建筑材料的保管费和检验费；由于建筑材料需要进行二次搬运，建设单位还应支付该批材料的二次搬运费。

事件 3　① 由于建设单位要求对 B 工作的施工图纸进行修改，致使 B 工作停工 3 天（每停一天影响 30 工日，10 台班）；② 由于机械租赁单位调度的原因，施工机械未能按时进场，使 C 工作的施工暂停 5 天（每停一天影响 40 工日，10 台班）；③ 由于建设单位负责供应的材料未能按计划到场，E 工作停工 6 天（每停一天影响 20 工日，5 台班）。施工单位就上述三种情况按正常的程序向项目监理机构提出了延长工期和补偿停工损失的要求。

事件 4　在工程竣工验收时，为了鉴定某个关键构件的质量，总监理工程师建议采用试验方法进行检验，施工单位要求建设单位承担该项试验的费用。

该工程的实际工期为122天。

## ❓问题

1. 事件1中建设单位的说法是否正确？为什么？
2. 逐项回答事件2中施工单位的要求是否合理，并说明理由。
3. 逐项说明事件3中项目监理机构是否应批准施工单位提出的索赔，说明理由并给出审批结果（写出计算过程）。
4. 事件4中试验检验费用应由谁承担？
5. 分析施工单位应该获得工期提前奖励，还是应该支付误期损失赔偿费。金额是多少？

## 🚩答案

1. 不正确，因为① 建安工程费中不包括构件破坏性试验费；② 临时设施费中不包括为该试验修建的房屋费用（或该费用未包含在施工合同价中）。

2. （1）要求建设单位支付保管费合理。按合同约定，建设单位提供的材料，施工单位负责保管，建设单位支付相应的保管费用。

（2）要求建设单位支付检验费合理。按合同约定，建设单位提供的材料，由施工单位负责检验，建设单位承担检验费用。

（3）要求建设单位支付二次搬运费不合理。二次搬运费已包含在措施费中，应由施工单位承担。

3. （1）图纸修改导致的延期3天应予批准，因为是非施工单位原因，而且工作处于关键线路上；应补偿停工损失 = 3天×30工日×50元/工日 + 3天×10台班×200元/台班 = 10 500元。

（2）调度原因致使C工作停工5天不予批准，停工损失不予补偿，因属施工单位原因。

（3）建设单位供应的材料未按时到场应批准延期1天，该延误虽属业主原因，但E有5天总时差，延误只会使总工期拖延1天。应补偿停工损失 = 6天×20工日×50元/工日 + 6天×5台班×200元/台班 = 12 000元。

4. 若检验构件质量合格，由建设单位承担；若检验构件质量不合格，由施工单位承担。

5. 由于非施工单位原因使B工作和E工作延误，造成总工期拖延4天，该工程实际工期为122天，所以工期提前120 + 4 - 122 = 2天，施工单位应获得工期提前奖励，应得奖励2×3 000 = 6 000元。

## 案例6

### 🔙背景

某实施施工监理的工程，建设单位按照《建设工程施工合同（示范文本）》与甲施工单位签订了施工总承包合同。合同约定：开工日期为2006年3月1日，工期为302天；建设单位负责施工现场外道路开通及设备采购;设备安装工程可以分包。

经总监理工程师批准的施工总进度计划如图7-7所示(时间单位:天)。

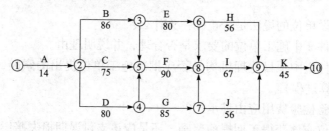

图7-7 施工总进度计划

工程实施中发生了下列事件。

事件1 由于施工现场外道路未按约定时间开通,致使甲施工单位无法按期开工。2006年2月21日,甲施工单位向项目监理机构提出申请,要求开工日期推迟3天,补偿延期开工造成的实际损失3万元。经专业监理工程师审查,情况属实。

事件2 C工作是土方开挖工程。土方开挖时遇到了难以预料的暴雨天气,工程出现重大安全事故隐患,可能危及作业人员安全,甲施工单位及时报告了项目监理机构。为处理安全事故隐患,C工作实际持续时间延长了12天。甲施工单位申请顺延工期12天、补偿直接经济损失10万元。

事件3 F工作是主体结构工程,甲施工单位计划采用新的施工工艺,并向项目监理机构报送了具体方案,经审批后组织了实施。结果大大降低了施工成本,但F工作实际持续时间延长了5天,甲施工单位申请顺延工期5天。

事件4 甲施工单位将设备安装工程(J工作)分包给乙施工单位,分包合同工期为56天。乙施工单位完成设备安装后,单机无负荷试车没有通过,经分析是设备本身出现问题。经设备制造单位修理,第二次试车合格。由此发生的设备拆除、修理、重新安装和重新试车的各项费用分别为2万元、5万元、3万元和1万元,J工作实际持续时间延长了24天。乙施工单位向甲施工单位提出索赔后,甲施工单位遂向项目监理机构提出了顺延工期和补偿费用的要求。

## 问题

1. 事件1中,项目监理机构应如何答复甲施工单位的要求?请说明理由。

2. 事件2中,收到甲施工单位报告后,项目监理机构应采取什么措施?应要求甲施工单位采取什么措施?对于甲施工单位顺延工期及补偿经济损失的申请如何答复?并说明理由。

3. 事件3中,项目监理机构应按什么程序审批甲施工单位报送的方案?对甲施工单位的顺延工期申请如何答复?并说明理由。

4. 事件4中,单机无负荷试车应由谁组织?项目监理机构对于甲施工单位顺延工期和补偿费用的要求如何答复?请说明理由。根据分包合同,乙施工单位实际可获得的顺延工期和补偿费用分别是多少?请说明理由。

## 答案

1. 项目监理机构应同意推迟3天开工,同意赔偿损失3万元。因根据合同规定,场外道路没有开通属建设单位责任,且甲施工单位在合同规定的有效期内提出了申请。

2. (1) 收到甲施工单位报告后,项目监理机构应下达施工暂停令;应要求施工单位撤出危险区域作业人员,制订消除隐患的措施或方案,报项目监理机构批准后实施。

(2) 对甲施工单位提出的索赔,损失不予补偿;由于难以预料的暴雨天气属不可抗力。批准顺延工期1天;因C工作延长12天,只影响工期1天。

3. (1) 对甲施工单位报送的方案审批程序为:审查报送方案的相应施工工艺措施和证明材料,组织专题论证,经审定后予以签认。

(2) 对甲施工单位顺延工期不同意延期,因改进施工工艺属甲施工单位自身原因。

4. (1) 单机无负荷试车应由甲施工单位组织;

(2) 项目监理机构应同意补偿设备拆除、重新安装和试车费用合计6万元;(C工作持续时间延长12天后)J工作持续时间延长24天,只影响工期1天,同意顺延工期1天;因设备本身出现问题,不属于甲施工单位的责任。

(3) 乙施工单位可顺延工期24天,乙施工单位可获得费用补偿6万元,因为第一次试车不合格,不属乙施工单位责任。

## 案例7

### 背景

某工程项目的施工招标文件中表明工程采用综合单价计价方式,工期为15个月。承包单位投标所报工期为13个月。合同总价确定为8 000万元。合同约定:实际完成工程量超过估计工程量25%以上时允许调整单价;拖延工期每天赔偿金为合同总价的1‰,最高拖延工期赔偿限额为合同总价的10%;若能提前竣工,每提前1天的奖金按合同总价的1‰计算。

承包单位开工前编制并经总监理工程师认可的施工进度计划如图7-8所示。

施工过程中发生了以下4个事件,致使承包单位完成该项目的施工实际用了15个月。

事件1 A、C两项工作为土方工程,工程量均为16万 $m^3$,土方工程的合同单价为16元$/m^3$。实际工程量与估计工程量相等。施工按计划进行4个月后,总监理工程师以设计变更通知发布新增土方工程N的指示。该工作的性质、施工难度与A、C工作相同,工程量为32万 $m^3$。N工作在B和C工作完成后开始施工,且为H和G的紧前工作。总监理工程师与

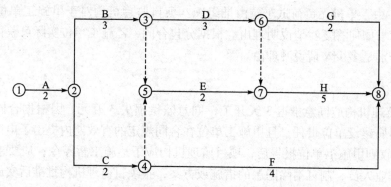

图 7-8 施工进度计划

承包单位依据合同约定协商后，确定的土方变更单价为 14 元/m³。承包单位计划用 4 个月完成。3 项土方工程均租用 1 台机械开挖，机械租赁费为 1 万元/月·台。

事件 2  F 工作，因设计变更等待新图纸延误 1 个月。

事件 3  G 工作由于连续降雨累计 1 个月，导致实际施工 3 个月完成，其中 0.5 个月的日降雨量超过当地 30 年气象资料记载的最大强度。

事件 4  H 工作由于分包单位施工的工程质量不合格造成返工，实际 5.5 个月完成。

由于以上事件，承包单位提出以下索赔要求。

（1）顺延工期 6.5 个月。理由是：完成 N 工作 4 个月；变更设计图纸延误 1 个月；连续降雨量，属于不利的条件和障碍，影响 1 个月；监理工程师未能很好地控制分包单位的施工质量，应补偿工期 0.5 个月。

（2）N 工作的费用补偿 = 16 元/m³ × 32 万 m³ = 512 万元。

（3）由于第 5 个月后才能开始 N 工作的施工，要求补偿 5 个月的机械闲置费 5 月 × 1 万元/月·台 × 1 台 = 5 万元。

## ❓ 问题

1. 对以上施工过程中发生的 4 个事件进行合同责任分析。
2. 根据总监理工程师认可的施工进度计划，应给承包单位顺延的工期是多少？并说明理由。
3. 确定应补偿承包单位的费用，并说明理由。
4. 分析承包单位应获得工期提前奖励还是承担拖延工期违约赔偿责任，并计算其金额。

## 📝 答案

1. 合同责任分析：

（1）事件 1，建设单位责任；

（2）事件 2，建设单位责任；

(3) 事件3,日降雨量超过当地30年气象资料记载最大强度的0.5个月,属于不可抗力,另0.5个月属于承包人应承担的风险;

(4) 事件4,属于承包单位责任。

2. 承包人投标书中承诺合同工期为13个月。N、F、G属于可顺延工期的情况,经分析、计算,总工期为14个月,合同工期应顺延1个月。

3. 机械闲置费不予补偿。

工程量清单中,计划土方为:$16+16=32$(万 $m^3$)

新增土方工程量为:32 万 $m^3$

应按原单价计算的新增工程量为:$32 \times 25\% = 8$(万 $m^3$)

补偿土方工程款为:8 万 $m^3 \times 16$ 元/$m^3$ + $(32-8)$万 $m^3 \times 14$ 元/$m^3$ = 464 万元

4. 承包人应承担超过合同工期的违约责任。

拖延工期赔偿费为:$8\,000 \times 0.001 \times 30 = 240$(万元)< 最高赔偿限额 = $8\,000 \times 0.1 = 800$(万元)。